期表

	11	12	13	14	15	16	17	18
								4.003 $_2$He ヘリウム
			10.81 $_5$B ホウ素	12.01 $_6$C 炭素	14.01 $_7$N 窒素	16.00 $_8$O 酸素	19.00 $_9$F フッ素	20.18 $_{10}$Ne ネオン
			26.98 $_{13}$Al アルミニウム	28.09 $_{14}$Si ケイ素	30.97 $_{15}$P リン	32.07 $_{16}$S 硫黄	35.45 $_{17}$Cl 塩素	39.95 $_{18}$Ar アルゴン
	63.55 $_{29}$Cu 銅	65.39 $_{30}$Zn 亜鉛	69.72 $_{31}$Ga ガリウム	72.63 $_{32}$Ge ゲルマニウム	74.92 $_{33}$As ヒ素	78.96 $_{34}$Se セレン	79.90 $_{35}$Br 臭素	83.80 $_{36}$Kr クリプトン
	107.9 $_{47}$Ag 銀	112.4 $_{48}$Cd カドミウム	114.8 $_{49}$In インジウム	118.7 $_{50}$Sn スズ	121.8 $_{51}$Sb アンチモン	127.6 $_{52}$Te テルル	126.9 $_{53}$I ヨウ素	131.3 $_{54}$Xe キセノン
	197.0 $_{79}$Au 金	200.6 $_{80}$Hg 水銀	204.4 $_{81}$Tl タリウム	207.2 $_{82}$Pb 鉛	209.0 $_{83}$Bi ビスマス	[209] $_{84}$Po ポロニウム	[210] $_{85}$At アスタチン	[222] $_{86}$Rn ラドン
	[272] $_{111}$Rg レントゲニウム	[277] $_{112}$Cn コペルニシウム	113	[289] $_{114}$Fl フレロビウム	115	[293] $_{116}$Lv リバモリウム	117	118
	157.3 $_{64}$Gd ガドリニウム	158.9 $_{65}$Tb テルビウム	162.5 $_{66}$Dy ジスプロシウム	164.9 $_{67}$Ho ホルミウム	167.3 $_{68}$Er エルビウム	168.9 $_{69}$Tm ツリウム	173.0 $_{70}$Yb イッテルビウム	175.0 $_{71}$Lu ルテチウム
	[247] $_{96}$Cm キュリウム	[247] $_{97}$Bk バークリウム	[251] $_{98}$Cf カリホルニウム	[252] $_{99}$Es アインスタイニウム	[257] $_{100}$Fm フェルミウム	[258] $_{101}$Md メンデレビウム	[259] $_{102}$No ノーベリウム	[262] $_{103}$Lr ローレンシウム

［太枠線がレアアース（希土類），原子量は4桁の有効数字で示した］

カラー口絵　入門 レアアースの化学

第 1 章

▲ヨハン・ガドリンの肖像メダル
1794 年，ガドリナイトからイットリウムを発見．
フィンランド国立博物館のご厚意により掲載．

▲ガドリナイト（$Y_2FeBe_2Si_2O_{10}$，愛媛県北条市高縄山産）
黒色の粒がガドリナイトで，その周囲は長石．

▲"ガドリナイト"発見箇所

◀ガドリン石が発見された Ytterby 村（スウェーデン，ストックホルム近郊）の標識と筆者（1994 年に撮影）
この村名から，Y, Tb, Er, Yb の 4 個の元素名が付けられている．

- C①-

第5章

▲モナザイト(モナズ石,福島県石川郡石川町産)
提供:秋田大学 渡辺 寧教授.

▲ゼノタイム(福島県石川郡石川町産)
提供:秋田大学 渡辺 寧教授.

◀バストネサイト(カナダ,トアレイク産)
提供:国立研究開発法人産業技術総合研究所 星野美保子主任研究員.

▲白雲鄂博鉄・希土共生鉱山(中国内モンゴル自治区)
提供:中国稀土学会.

▲軽希土類中心のイオン鉱鉱床(中国江西省)
提供:秋田大学 渡辺 寧教授.

第4章

▲希土類硝酸塩水溶液の色
提供：鳥取大学　増井敏行教授．

▲希土類酸化物の色
提供：鳥取大学　増井敏行教授．

第8章

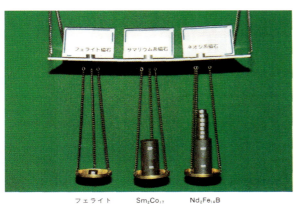

フェライト磁石	Sm_2Co_{17}磁石	$Nd_2Fe_{14}B$磁石
つり下げている重量　60 g	350 g	480 g（鉄片，皿，鎖の重さの合計50 g）

▲永久磁石の力競べ
提供：信越化学工業株式会社〔足立吟也，現代化学，**3**，32（1992）〕．

▲電気自動車・ハイブリッド車に用いられている駆動モータ用板磁石
縦 24 mm × 横 22 mm × 厚さ 6 mm（厚さ方向が磁石の NS 方向）．

▲白色 LED 素子
素子（円形）の直径：約 4 mm．発光効率：$120 \sim 140 \text{ lm W}^{-1}$．提供：日亜化学株式会社．

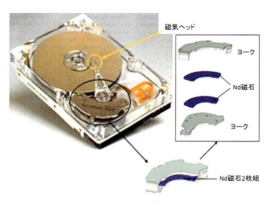

▲パソコンのハードディスクドライブ
ネオジム（Nd）磁石の磁場中に置かれたボイスコイルが電流の変化に応じて動き，磁気ヘッドが記録書き込みの位置を決める．提供：信越化学工業株式会社．

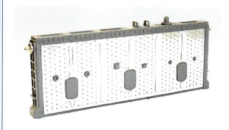

◀ハイブリッド車用ニッケル水素電池
公称電圧：7.2 V，容量：6.5 Ah，出力：1350 W，エネルギー密度：46 Wh kg^{-1}．提供：プライムアース EV エナジー株式会社．

入門
レアアースの化学

足立吟也 著

化学同人

まえがき

　本書はレアアース(希土類)の化学全般を学ぶ,学部学生,博士前期課程の大学院生を対象として執筆したものであるが,すでにこの分野で実務に就いておられる方がたにも,頼りになる道しるべとして役に立つよう心掛けた.

　筆者はこれまで,周期表第3族 第4,5,6周期の17元素について,"レアアース"という術語より,同義語である"希土類"を頻繁に用いてきた.文部省および日本化学会で編集された『学術用語集　化学編(増訂2版)』〔南江堂(1986),p.576〕では,"rare earth elements"の訳語として"希土類元素"は記載されているが,"レアアース"は載っていない.よって,カタカナ表記の"レアアース"は,いわば非公認の俗語ともいうべき立場であるが,最近では,新聞,テレビなどでは,むしろ"レアアース"のほうがはるかに一般に知られているようなので,今回はこの"レアアース"を用いることにした.

　すべての物質は,「資源」として語られるときには,政治的な背景をもっている.地中に存在する平凡な炭化水素が"原油"と呼ばれるときは資源としての意味が強く作用している.これから学ぶ"レアアース"も同様で,科学的な側面は本文で取り扱うが,2011年9月の尖閣諸島国有化問題が発生した際の中国政府による禁輸発動でも明らかなとおり,この元素群のもっている政治性にも目を向けてほしい.

　なぜ数十万種にも及ぶといわれている日中貿易品目のなかで,少量でしかないレアアースに"的"が絞られたのかは,本書を学んでいく過程でおのずと明らかになるはずであるが,その"ヒント"は,少量を用いることで,その製品の価値が大きく向上する"付加価値の大きさ",さらには絶大な"経

済効果"があることにある．当時のある試算では，たかだか数百 t のジスプロシウム(Dy)の輸入が仮に 80％削減されると，わが国の GDP(国内総生産)は約 2％(約 10 兆円)低下すると算出していた．レアースは，まさに政治的に大きな意味をもつ物質群，すなわち"資源"なのである．

　政治的といえば太平洋戦争時のアメリカにおける原子爆弾開発計画(The Manhattan District Operation；通称，マンハッタン計画)でも，ウラン(U)やプルトニウム(Pu)と同じ第 3 族元素であるレアースは重要な役割を果たしたが，ここではこれ以上ふれない〔足立吟也，化学，**68**，18(2013)〕．

　このようにレアースは日常生活から政治まで，広くかつ深く，われわれに入り込んでいるが，日頃あらわにはその存在を感じることが少なく，学ぶ機会も限られている．本書はレアースの存在と意義に，いま一度光を当てることを目指して制作されたものである．

2015 年 5 月

大阪大学名誉教授　足立吟也

謝　辞

　本書は，多くの方がたにご教示と資料のご提供をいただいて完成した．ここにお名前を掲げて謝意を表す．

石垣尚幸(元 日立金属株式会社)・石川謙二(明治大学教授)・伊藤　博(信越化学工業株式会社)・稲永純二(九州大学名誉教授)・入山恭彦(大同特殊鋼株式会社，インターメタリックス株式会社)・大谷昌司(プライムアース EV エナジー株式会社)・大森賢次(日本ボンド磁性材料協会)・小笠原一禎(関西学院大学教授)・尾崎哲也(株式会社ジーエス・ユアサ コーポレーション)・織山　純(一般社団法人新金属協会)・加藤泰浩(東京大学教授)・久米道也(日亜化学工業株式会社)・櫛田孝司(大阪大学名誉教授)・倉知　覚(日本ガイシ株式会社)・小嶋清司(日本分析化学専門学校准講師)・小西　功(美交化学株式会社)・斉藤文彦(信越化学工業株式会社)・境　哲男(国立研究開発法人 産業技術総合研究所 上席研究員)・坂口裕樹(鳥取大学教授)・佐川真人(インターメタリックス株式会社)・佐藤峰夫(新潟大学教授)・清水孝太郎(三菱UFJ リサーチ＆コンサルティング株式会社)・末延知義(大阪大学助教)・田中幹也(独立行政法人 産業技術総合研究所 研究部門長)・棚町裕次(IRUniverse 株式会社)・玉井一誠(株式会社フジミコーポレーテッド)・田村真治(大阪大学准教授)・俵　好夫(元 信越化学工業株式会社)・津野智明(株式会社ニッキ)・徳永雅亮(前 明治大学講師)・戸田健司(新潟大学准教授)・中谷利雄(第一稀元素化学工業株式会社)・中塚雅教(株式会社三徳)・中西二郎(株式会社三徳)・中野公介(株式会社村田製作所)・中村英次(室蘭工業大学特任教授)・中村正信(株式会社ジェイ・エム・アール)・成毛治朗

(東京工業大学教授)・西村　章(東京工業大学特任教授)・野口健児(愛知製鋼株式会社)・長谷川靖哉(北海道大学教授)・板野　晋(日立アプライアンス株式会社)・日夏幸雄(北海道大学教授)・藤永公一郎(東京大学特任研究員)・星野美保子(独立行政法人 産業技術総合研究所 主任研究員)・巻野勇喜雄(京都大学大学院)・増井敏行(鳥取大学教授)・美濃輪武久(信越化学工業株式会社)・村崎嘉典(日亜化学工業株式会社)・邑瀬邦明(京都大学教授)・森本慎一郎(独立行政法人 産業技術総合研究所)・山中　脩(ティージーオブシード株式会社)・米津育郎(パナソニック株式会社)・渡辺　寧(秋田大学教授)・陳　占恒(中国稀土学会)・Bernard Pacaud(Rhodia Electronics & Catalysis)

(敬称略)

　また，この刊行には株式会社化学同人平　裕幸氏のご助言と，栫井文子，坂井雅人両氏の誠実な制作実務が不可欠であった．あわせて感謝する．

目　次

第1章　レアメタルと希土類——わたしたちとの関係　1
1.1　レアメタルとはなにか ……………………………………………… 1
1.2　希土類とはなにか——周期表での位置 ……………………………… 5
1.3　希土類元素発見の歴史 ………………………………………………… 8
[Column]　レアメタル・希少金属　3　　　[Column]　埋蔵量と資源量　5
●章末問題　12

第2章　希土類を理解するための基礎
　　　　　——その特徴はここからきている　13
2.1　4f 軌道電子の特徴 …………………………………………………… 14
2.2　希土類の原子およびイオンの電子配置 ……………………………… 15
2.3　希土類イオンの大きさ ………………………………………………… 18
2.4　希土類イオンの電子スペクトル ……………………………………… 21
　　2.4.1　エネルギー準位と遷移　21　　2.4.2　電子スペクトルの強度と選択律　26
2.5　希土類イオンの磁性 …………………………………………………… 28
　　2.5.1　磁気モーメント　28　　2.5.2　4f 軌道への電子の詰め方　31
2.6　希土類イオンの熱力学的性質と価数 ………………………………… 36
2.7　4f 軌道の形 …………………………………………………………… 39
[Column]　4f 軌道への電子の割り付けと"4f"記号　35　　[Column]　4f 軌道電子のエネルギー　38
●章末問題　41

-vii-

目　次

第3章　希土類化合物の合成と金属の製錬　　　43
3.1　酸化物の合成 ……………………………………………………… 44
3.2　硫化物の合成 ……………………………………………………… 45
3.3　ハロゲン化物の合成 ……………………………………………… 46
3.4　硝酸塩〔R(NO$_3$)$_3$〕の合成 ……………………………………… 47
3.5　炭酸塩〔R(CO$_3$)$_3$〕の合成 ……………………………………… 48
3.6　有機酸塩(酢酸塩，アミンポリカルボン酸錯体)の合成 ………… 48
3.7　アルコキシド(イットリウム イソプロポキシド)の合成 ……… 49
3.8　有機金属化合物(シクロペンタジエニル化合物)の合成 ………… 49
3.9　金属精錬 …………………………………………………………… 50
●章末問題　51

第4章　希土類化合物および金属の構造と性質　　　54
4.1　酸化物の構造と性質 ……………………………………………… 54
　　4.1.1　酸化物の構造　55　　│　4.1.2　酸化物の性質　58
4.2　硫化物の構造と性質 ……………………………………………… 62
　　4.2.1　硫化物の構造　62　　│　4.2.2　硫化物の性質　63
4.3　ハロゲン化物の構造と性質 ……………………………………… 65
　　4.3.1　ハロゲン化物の構造　65　│　4.3.2　ハロゲン化物の性質　68
4.4　希土類-EDTA 錯体 ……………………………………………… 69
4.5　ビス(ペンタメチルシクロペンタジエニル)サマリウム(II)錯体 … 71
4.6　希土類金属の構造と性質 ………………………………………… 72
　　4.6.1　希土類金属の結晶構造　72　│　4.6.2　希土類金属の性質　73
●章末問題　76

第5章　希土類の鉱石と資源　　　78
5.1　希土類の鉱石 ……………………………………………………… 79
5.2　希土類の資源 ……………………………………………………… 80
5.3　希土類産業はバランス産業 ……………………………………… 83
　Column　南鳥島海底の希土類　83
●章末問題　84

目 次

第6章　鉱石からの希土類成分の取りだしと分離精製　85
6.1　希土類鉱石の分解　85
6.1.1　モナザイトとゼノタイムの分解　85
6.1.2　バストネサイトの分解　87
6.1.3　イオン鉱からの希土類の分離　87
6.2　希土類の相互分離　88
● 章末問題　91

第7章　希土類の分析　92
7.1　蛍光X線分析法　93
7.2　ICP発光分光分析法　94
7.3　グロー放電質量分析法　95
● 章末問題　96

第8章　希土類の応用　97
8.1　希土類はどのように利用され,どこにどれだけ用いられているか　98
8.2　希土類永久磁石　102
8.2.1　磁石の基礎　102
8.2.2　希土類磁石の性能　106
8.2.3　永久磁石における希土類の役割　107
8.2.4　サマリウム磁石(Sm_2Co_{17})　109
8.2.5　ネオジム磁石($Nd_2Fe_{14}B$)　111
8.2.6　ボンド磁石($Sm_2Fe_{17}N_3$)　116
8.2.7　MRI(核磁気共鳴画像)造影剤　118
8.3　希土類発光材料　121
8.3.1　励起と発光　121
8.3.2　なぜ発光材料に希土類イオンが用いられるのか　122
8.3.3　照明用発光材料　124
8.3.4　ディスプレイ用発光材料　128
8.3.5　レーザ材料　129
8.3.6　イムノアッセイ　132
8.4　化学的性質・イオン半径が重要な材料　134
8.4.1　水素吸蔵合金　134
8.4.2　研磨剤　138
8.4.3　固体電解質,燃料電池,酸素センサ　142
8.4.4　自動車排ガス浄化触媒　147
8.4.5　セラミックコンデンサ,サーミスタ,圧電体,電気光学素子　149
8.4.6　フェライト　152
8.4.7　超伝導材料　154

-ix-

目 次

8.5 有機合成および高分子重合触媒 ··· *157*
 8.5.1 インフルエンザ治療薬タミフル合成触媒　158
 8.5.2 硝酸セリウムアンモニウム(CAN)を用いる側鎖の酸化　159
 8.5.3 二ヨウ化サマリウム(SmI_2)による還元反応　159
 8.5.4 希土類トリフレートの触媒反応　160
 8.5.5 希土類触媒によるブタジエン重合　160
 Column　俵 万智さんとサマリウム磁石　111
 Column　ネオジム磁石の開発　114
 Column　新しいネオジム磁石化合物の開発　116
 Column　$LaNi_5$ 発見秘話　135
● 章末問題　*161*

第9章　希土類の資源とリサイクル　*163*
9.1 ネオジム磁石製造工程内で発生する希土類廃材のリサイクル ······ *165*
9.2 廃蛍光灯からの希土類の回収 ··· *165*
9.3 廃棄物からの希土類の新しい回収法――乾式気相分離法 ··········· *166*
9.4 わが国にすでに存在している希土類の"量"
  ――"都市鉱山"としての可能性 ·· *167*
● 章末問題　*168*

第10章　希土類のこれまでとこれから――基礎・開発研究と産業　*169*
10.1 希土類の現在と今後の展望 ··· *169*
10.2 希土類の生産量と需要 ··· *170*
● 章末問題　*172*

章末問題の解答 ··· *173*
希土類用語集 ·· *176*
索　引 ··· *185*

* 表見返しは，元素の周期表．
* 裏見返しは，基本物理定数，エネルギー単位の換算表，電磁波・エネルギーに関する諸換算表．

− x −

第1章

レアメタルと希土類
——わたしたちとの関係

Keyword

希土類元素(rare earths), レアメタル(rare metals), レアアース(rare earths), コモンメタル(common metals), 埋蔵量(reserve), 資源量(resouces), アクチノイド(actinoids), ランタノイド(lanthanoids), ランタニド(lanthanides), fブロック元素(f-block elements), 軽希土(light rare earths), 重希土(heavy rare earths), 中希土(middle rare earths), ガドリナイト(gadolinite)

 もし"ハイブリッド車"に乗っているのならば,あなたは**希土類**の有力な"ユーザー"である.その他にも,携帯電話や蛍光灯,LED照明,パソコンなど,わたしたちの身の回りには,希土類を用いた製品がいたるところで役に立っている.

 希土類は,**レアメタル**(rare metals)と一般によばれている元素群の一員であり,**レアアース**(rare earths)とよばれることも多い.両者とも"レア"がついているので,混同されることがしばしばある.ここではまず,"レアメタル"とはなにかを整理しておこう.

1.1 レアメタルとはなにか

 "レアメタル"という言葉は,わが国で取引している業者間でのみ用いら

れている言葉，すなわちわが国固有の業界用語であり，銅(Cu)，鉄(Fe)，鉛(Pb)，亜鉛(Zn)，アルミニウム(Al)などの古くから知られていて，大量に使用されている金属〔**コモンメタル(common metals)**，あるいは**ベースメタル(base metals)**〕以外の金属を指している．そのため，『Oxford English Dictionary』や『Webster's Third New International Dictionary』にも "rare metal(s)" という語の記載はなく，英語として認められていない．わが国の "レアメタル" に相当する表現として，最近アメリカでは，**クリティカルメタル(critical metals)** を用いる場合がある．

　レアメタルには，"レア(rare)，稀" と付されていることから，この元素群は元素存在度の小さな元素に限定されると考えてしまいがちだが，実情は必ずしもそうではない．たとえば，代表的なレアメタルであるチタン(Ti)の元素存在度(大陸地殻平均濃度)は 4.32×10^3 μg g^{-1} であり，コモンメタルである銅の 2.7×10 μg g^{-1} や亜鉛の 7.2×10 μg g^{-1} よりはるかに大きい(表1.1)．またケイ素(Si)は 2.83×10^5 μg g^{-1} で，大陸地殻中では酸素(O)に次いで第2位の豊富さであるが，その半導体級超高純度製品はレアメタルとして取引されている．一方，金(Au)は 1.3×10^{-3} μg g^{-1}，銀(Ag)は 5.6×10^{-2} μg g^{-1} であり，その元素依存度はきわめて小さく，まさに "レア" である．しかし，これらは古くから "貴金属" として別扱いされている(Column 1)．また，ロジウム(Rh)は 1×10^{-4} μg g^{-1}，イリジウム(Ir)は 3.7×10^{-5} μg g^{-1} であるが，わが国の政府機関ではレアメタルに入れていない(Column 2)．以上の事実からわかるように，"レア(rare)，稀" という接頭語から受ける印象と実態とは大きく異なり，"レアメタル" に学問的な定義を与えることは困難である．

　レアメタルとコモンメタルとを区別する際の "基準" としては次の五つが考えられる．

　① 地殻中で存在量が小さい陽性元素(金属元素)．
　② 地殻中での存在量が全体としては多くても，薄く，広く分布していて，経済性のある濃度をもった鉱石が少ない陽性元素．

③ 存在量は大きいが，高純度のものを得ることが困難な陽性元素．
④ 少量または微量で特異な機能を発揮し，高付加価値を実現できる陽性元素．
⑤ 高純度，特異な形態で優れた機能を発揮する陽性元素（たとえば，超高純度シリコンなど）．

これらのなかで，一つでも当てはまればそれは"レアメタル"としてよい．

このような基準で見ていくと，周期表の陽性元素のほとんどがレアメタルである．すなわち，われわれの学んでいる無機化学は，実は"レアメタル"化学でもある．それでは，希土類（レアアース）とはどんな元素群なのか．レアメタルの"茫洋とした"輪郭にくらべ，希土類の"定義"は明確である．まず，周期表のなかの希土類の位置を見てみよう．

Column 1　　　　　　　　　　　　　　　レアメタル・希少金属

旧通商産業省鉱業審議会鉱山部会（1987年8月28日）で31元素を"希少金属"と指定したことがある．ここで記した基準でだいたい適合しているが，金，銀，ロジウム，およびイリジウムは入っていない．希土類の17元素は，全体で一つの元素として数えられている．また，経済産業省総合資源エネルギー調査会鉱業分科会レアメタル対策部会ホームページ（URL:http://www.meti.go.jp/report/data/g40728aj.html）でも，31元素を"レアメタル"としており，ここでも希土類を1元素としている．さらに2010年6月に，戦略的鉱物資源として新たに希土類（レアアース），インジウム，ガリウムなどの30鉱種を選定したが，ここには，鉄，アルミニウム，銅，鉛，亜鉛，スズ，リチウム，マグネシウム，フッ素も入っている．そもそも"レアメタル"という分類には科学的な根拠に乏しく，海外ではほとんど通用していない．よって，"定義"というほど厳格にほかとの区別を要求することはできず，業界の当時の雰囲気を反映した，とりあえずの"基準"と考えるべきである．

表 1.1 元素存在度（大陸地殻平均濃度）

原子番号	元素	平均濃度 ($\mu g\,g^{-1}$)	原子番号	元素	平均濃度 ($\mu g\,g^{-1}$)	原子番号	元素	平均濃度 ($\mu g\,g^{-1}$)
1	H		29	Cu	2.7×10	58	Ce	4.3×10
2	He		30	Zn	7.2×10	59	Pr	4.9
3	Li	1.6×10	31	Ga	1.6×10	60	Nd	2.0×10
4	Be	1.9	32	Ge	1.3	62	Sm	3.9
5	B	1.1×10	33	As	2.5	63	Eu	1.1
6	C		34	Se	1.3×10^{-1}	64	Gd	3.7
7	N	5.6×10	35	Br	8.8×10^{-1}	65	Tb	6.0×10^{-1}
8	O	4.64×10^5	36	Kr		66	Dy	3.6
9	F	5.5×10^2	37	Rb	4.9×10	67	Ho	7.7×10^{-1}
10	Ne		38	Sr	3.2×10^2	68	Er	2.1
11	Na	2.28×10^4	39	Y	1.9×10	69	Tm	2.8×10^{-1}
12	Mg	2.81×10^4	40	Zr	1.3×10^2	70	Yb	1.9
13	Al	8.42×10^4	41	Nb	8.0	71	Lu	3.0×10^{-1}
14	Si	2.83×10^5	42	Mo	8.0×10^{-1}	72	Hf	3.7
15	P	5.7×10^2	44	Ru	5.7×10^{-4}	73	Ta	7.0×10^{-1}
16	S	4.0×10^2	45	Rh	1×10^{-4}	74	W	1.0
17	Cl	2.4×10^2	46	Pd	1.5×10^{-3}	75	Re	1.9×10^{-4}
18	Ar		47	Ag	5.6×10^{-2}	76	Os	4.1×10^{-5}
19	K	1.50×10^4	48	Cd	8.0×10^{-2}	77	Ir	3.7×10^{-5}
20	Ca	4.58×10^4	49	In	5.2×10^{-2}	78	Pt	1.5×10^{-3}
21	Sc	2.2×10	50	Sn	1.7	79	Au	1.3×10^{-3}
22	Ti	4.32×10^3	51	Sb	2.0×10^{-1}	80	Hg	3.0×10^{-2}
23	V	1.4×10^2	52	Te		81	Tl	5.0×10^{-1}
24	Cr	1.4×10^2	53	I	7.1×10^{-1}	82	Pb	1.1×10
25	Mn	7.7×10^2	54	Xe		83	Bi	1.8×10^{-1}
26	Fe	5.22×10^4	55	Cs	2.0	90	Th	5.6
27	Co	2.7×10	56	Ba	4.6×10^2	92	U	1.3
28	Ni	5.9×10	57	La	2.0×10			

地殻は大陸地殻と海洋地殻に分けられる．大陸地殻は数十 km の厚さがある．
1) 足立吟也 監修・編集代表,『レアメタル便覧』, 丸善(2011), p.I-37
2) R. L. Rundick ed., "The Crust," Elsevier-Pergamon(2005), p.1.

> **Column 2** 　　　　　　　　　　　　　　　　　　　　　　**埋蔵量と資源量**
>
> 埋蔵量とは，鉱石，すなわち有用元素が，現在の経済状態で，採掘や抽出可能な程度に含まれている「岩石」の量．埋蔵量は有用元素の価格の変動，採掘，抽出技術の進歩によって変わる．よって，埋蔵量は，新鉱脈の発見がなくても価格が上昇すれば増え，価格が下落して鉱山が閉山されれば減少する．一方，資源量とは，将来，価格が好転すれば，生産可能になる鉱石量を，埋蔵量に加えた量．

1.2 希土類とはなにか——周期表での位置

図1.1に，希土類に属する元素を示す．ここで明らかなように，希土類元素とは，周期表の第3族元素のうち，原子番号21番のスカンジウム(Sc)，39番のイットリウム(Y)，および57番のランタン(La)から71番のルテチウム(Lu)に至る15元素，計17元素の総称である．第3族元素には，さらに89番のアクチニウム(Ac)から，103番のローレンシウム(Lr)までの元素群**アクチノイド**(actinoids)も属している．この元素群は"広義の希土類"とよばれることもあるが，一般に希土類には含まれていない．

希土類の17元素のうち，57番のランタンから71番のルテチウムまでの15元素を**ランタノイド**(lanthanoids)，さらに58番のセリウム(Ce)から71番のルテチウムまでを**ランタニド**(lanthanides)とよんでいる．2.1節でも解説するが，ランタニドの4f軌道には電子が存在しているので区別されている．しかし，このような厳密な分類はわが国だけで，世界的にはランタンからルテチウムまでのすべてをランタニドと称している．IUPAC命名法規則(1970年決定則)でも，ランタンからルテチウムまでをランタノイドとしているが，"ランタニド"の使用も認められている．ランタノイドはf軌道に特徴があるので，アクチノイド元素とともにfブロック元素ともよばれることがある(2.1節参照)．

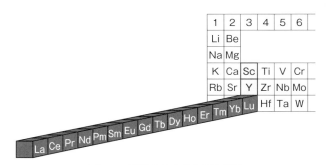

図 1.1　周期表中の希土類の位置

　希土類に属する 17 元素の化学的性質は互いに類似しているが，さらに酷似した二つの群に分けることができる．もっとも，その境目にはいくつかの提案があり，ランタンからユウロピウム (Eu) までと，ガドリニウム (Gd) からルテチウムまでをそれぞれ一つの群とする場合や，ランタンからガドリニウムまでと，テルビウム (Tb) からルテチウムまでをそれぞれ一つの群とする場合などがある．ランタンからガドリニウムまでの原子番号の小さな，すなわち質量数の小さな元素群を**軽希土**(light rare earths)，質量数の大きいテルビウムからルテチウムまでの元素群に，21 番のスカンジウム，39 番のイットリウムを加えた元素群を**重希土**(heavy rare earths)と，大きく二つに分けて議論したほうが，化学的性質などの事実に即している場合が多い．さらには，62 番のサマリウム (Sm) から 65 番のテルビウムまでを**中希土**(middle rare earths)として，三分割することもある．これらは，"軽"や"重"などといった"質量"を基準に分類しているように見えるが，39 番のイットリウムを重希土に入れている"矛盾"がある．この分類方法は，質量ではなくむしろイオン半径の大小によるものとしたほうが理解しやすい．すなわち，軽希土は"イオン半径の大きい希土類"，重希土は"イオン半径の小さい希土類"である．また，軽希土を**セリウム族**(cerium group)，重希土を**イットリウム族**(yttrium group)とよぶ場合もある．さらにいえば，**セライト**(cerite)から発見されたランタンからガドリニウムまでを軽希土，**ガドリナイト**(gadolinite)から発見されたスカンジウム，イットリウム，およびテル

1.2 希土類とはなにか——周期表での位置

ビウムからルテチウムまでの群を重希土とする分け方が，素性が明確で理解しやすい．すなわち，鉱物生成時に，イオン半径の大きい軽希土がセライトを形成し，小さい重希土がガドリナイトを形成したと考えられる．この分け方の軽希土をセリウム族，重希土をイットリウム族とも呼んでいる．

本書の表見返しにあるような多くの周期表では，ランタノイド，アクチノイドは欄外に配置されている．これらは，それぞれ56番のバリウム(Ba)，88番のラジウム(Ra)のすぐあとの1コマのなかに入れるべきであるが，スペースの制約でやむをえず欄外に置かれている．"1コマに入れる"ための方法の一つとして，図1.1のように描く方法もある．

図1.1は，39番のイットリウムの下に71番のルテチウムを入れ，はみだした"しっぽ"の先が57番のランタンとする配置である．一昔前までは，原子番号にこだわって，39番のイットリウムの下に57番のランタンを入れ，71番のルテニウムをしっぽの先に入れた図がしばしば使わた．筆者も1980年代から1990年代のはじめまで使用したが，この図1.1の周期表のほうが，"縦の列の類似性重視"の原則により忠実である（表1.2）．

表1.2 Sc, Y, Lu, La の比較

	スカンジウム (Sc)	イットリウム (Y)	ルテチウム (Lu)	ランタン (La)
Na_2SO_4 複塩はどのグループと共沈するか	イットリウム族	イットリウム族	イットリウム族	セリウム族
単体金属の結晶構造	一般的な六方最密	一般的な六方最密	一般的な六方最密	特殊な六方最密
酸化物の結晶構造(R_2O_3)	C型	C型	C型	A型
超伝導を示すか	示さない	示さない	示さない	4.9 K で示す
伝導帯の構造は d-ブロック型であるか	そうである	そうである	そうである	そうでない
内部に不完全充填の f 軌道があるか	ない	ない	ない	ある

1.3 希土類元素発見の歴史

希土類の歴史は，1794年にフィンランドの化学者**ガドリン**（Johan Gadolin，1760年6月5日～1852年8月15日，図1.2）が，当時の命名で**イッテルバイト**（ytterbite），現在のガドリナイト（黒褐色，単斜晶系，のちに判明した組成：$FeBe_2Y_2Si_2O_{10}$）とよばれている鉱物から，新元素"イットリウム"を発見したことに始まる．

図1.3は，年代順に希土類元素の発見の歴史を示してある．当初，イットリウムだけと思われていた成分酸化物〔イットリア（Y_2O_3）〕には，このほか68番のエルビウム（Er），65番のテルビウムが含まれていた．ガドリンの用いた"新元素判定法"は，化学的に処理した生成物の色，外観，および酸や塩基との反応などから判断するもので，まだスペクトルなどは用いられていない．よって，生成物の純度の精度はよいとはいえず，純粋に単離したと思われた成分から次つぎと新元素が発見された．初期の希土類の相互分離法は，水溶液系における塩の溶解度の"差"だけを利用する分離法（分別結晶法あるいは分別沈殿法）であった．硫酸ナトリウム，硝酸マグネシウム，あるいは硝酸アンモニウムと各希土類の複塩を生成させ，溶解，濃縮，晶出，ろ過を行い，これら複塩の溶解度差の小ささを操作の回数で補っていた．19世紀後半には発光分光法などの分光学も進歩し，各段階でスペクトルを写真撮影して，これに変化がなければ"純粋"になったとみなしていた．

図1.2 ヨハン・ガドリンの肖像メダル
フィンランド国立博物館のご厚意により掲載．

1.3 希土類元素発見の歴史

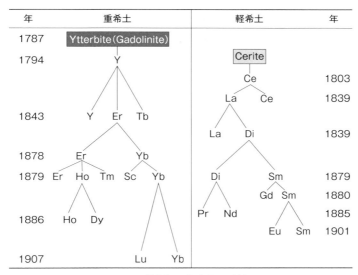

図1.3 希土類元素発見の系統図

重希土(左側)と軽希土(右側)は,異なる鉱石から発見されていることに注意.
〔C.H.Evans ed., "Episodes from the History of the Rare Earth Elements Kluwer Academic Publishers," Dordrecht(1996), p.xxi.〕

セライト(基本組成はセリウムのケイ酸塩,これに Ca^{2+},Mg^{2+},Fe^{3+} を含む)始祖のセリウム系統は,ガドリナイト始祖のイットリウム系統とは異なる希土類元素群をなしているが,両系統とも最後の元素が分離されるまでには長い年月を要している.また,セリウム系統に**サマルスカイト**〔samarskite,希土類のニオブ酸塩にタンタル(Ta),チタン(Ti),スズ(Sn),カルシウム(Ca),ウラン(U)などを含む〕などの鉱物の分析結果も加えられ,図1.3の右側のような歴史をもっている.

イットリウム系統にはイオン半径の小さい元素群が,セリウム系統には大きい元素群が属している.1.2節でもふれたが,それぞれイットリウム族あるいは重希土,セリウム族あるいは軽希土ともよばれている.

18世紀末から20世紀初頭の約1世紀は"新元素発見の世紀"で,希土類に限っても100個ほどにものぼる数の"新元素発見"の報告がなされた.原

子量の順に並べて規則性を見いだした**メンデレーフ**(Dmitri Mendeleev, 1834〜1907)の周期表(1869年)には多くの空席があり,メンデレーフ自身も当時までに発見されていた多数の"希土類元素"の収容に苦慮していたのも無理からぬことであった.図1.1のように入れてよいなら"何百個"でも収容可能であるが,どう"収まり"をつけるのかが問題であった.この困難を解決したのは,**モーズレイ**(Henry J. G. Moseley, 1887〜1915)であった.

彼は,元素の特性X線(蛍光X線)の波長と,彼自身が見いだした各元素特有のある自然数(現在の原子番号)との間に,簡単な関係(式1.1)があることを明らかにした.結果として,"原子番号"の存在を発見したのだが,彼は実際に原子番号,すなわち核の陽電荷を数えたのではない.これらは**チャドウィック**(James Chadwick, 1891〜1974)の核電荷の実測に待たねばならなかったが,両者は見事に一致していた.

$$1/(\lambda_{K_\alpha}) = 3/4\, c_0 R(Z-1)^2 \quad \cdots\cdots\cdots\cdots\cdots (1.1)$$

λ_{K_α}:ある元素の特性X線(K_α)の波長

c_0:光速

R:リュードベリ定数($1.097373153 \times 10^7\,\mathrm{m^{-1}}$)

Z:元素ごとに与えられる整数の定数(のちの"原子番号")

原子番号は自然数(正の整数)であり,56番のバリウム(Ba)から72番のハフニウム(Hf)までの間には15個の席しかなく,これにスカンジウムおよびイットリウムの2個を加えた全部で17個という希土類元素の総数が決まったわけである.モーズレイの調べた元素群のなかで,43番のテクネチウム(Tc),61番のプロメチウム(Pm),75番のレニウム(Re)は"欠番"で,当時まだ未発見であったが,ここに元素があることも予言できた.

図1.3の右側で,"ジジム(Di)"とあるが,プラセオジム(Pr)とネオジム(Nd)の混合物である.当時は一つの元素と考えられていて,現在でもこの混合物を"ジジム"とよぶ場合がある.希土類のなかで最も相互分離が困難な"対"である.

各希土類元素の名称の由来を表1.3にまとめておく.

1.3 希土類元素発見の歴史

希土類元素最後のメンバー61番のプロメチウムが確認されたのは1947年で，核分裂生成物の一つとしてであった．1794年のイットリウムの発見か

表 1.3 希土類元素の名前の由来

原子番号	元素	発見年	発見者名	名前の由来 [a]
21	Sc(スカンジウム)	1879	L. F. Nilson	Scandinavia(Nilsonの故国)
39	Y(イットリウム)	1794	J. Gadolin	地名のYtterby
57	La(ランタン)	1839	K. G. Mosander	(セリウムに)"隠れている"の意
58	Ce(セリウム)	1803	J. J. Berzelius, M. H. Klaproth	1801年に発見された小惑星Ceresを記念して
59	Pr(プラセオジム)	1885	A. von Welsbach	"緑色のジジム"の意 [b]
60	Nd(ネオジム)	1885	A. von Welsbach	"新しいジジム"の意
61	Pm(プロメチウム)	1947	J. A. Marinsky, L. E. Glendenin, C. E. Coryell	ギリシャ神話の神Promethus
62	Sm(サマリウム)	1879	L. de Boisbaudran	鉱石名Samarskite
63	Eu(ユウロピウム)	1901	E. A. Demarycay	Europeにちなんで命名されたと思われる
64	Gd(ガドリニウム)	1880	E. C. G. de Marignac	J. Gadolinを記念して
65	Tb(テルビウム)	1843	K. G. Mosander	地名のYtterby
66	Dy(ジスプロシウム)	1886	L. de Boisbaudran	(ホルミウムから)"得がたい"の意
67	Ho(ホルミウム)	1879	P. T. Cleve	スウェーデンの首都Stockholm
68	Er(エルビウム)	1843	K. G. Mosander	地名のYtterby
69	Tm(ツリウム)	1879	P. T. Cleve	Scandinaviaの古名Thule
70	Yb(イッテルビウム)	1878	J. C. G. de Marignac	地名のYtterby
71	Lu(ルテチウム)	1905	G. Urbain, A. von Welsbach [c]	Parisの古名Lutetia

[a] 由来の欄中の" "を付した語はギリシャ語名の訳語．
[b] ジジム：(ランタンと)"双子"の意．これからネオジムとプラセオジムが分離された．
[c] フォン・ウェルスバッハはこれに星座のカシオペア(Cassiopeia)にちなんでカシオペイウム(Cassiopeium; Cp)と命名した．ドイツではいまでもルテチウムのほかにカシオペイウムともよんでいる．〔N.E.Topp著, 塩川二朗, 足立吟也訳, 『希土類元素の化学』, 化学同人(1974), p.20.〕

ら数えて150年以上もかかっている．これは希土類イオンの化学的性質が互いに"酷似"しているため，相互の"化学的な分離"が困難であったからである．なぜ"酷似"しているのかは次章で学ぶ．

章 末 問 題

問 1.1 偶数原子番号の元素の存在度は，両隣の奇数原子番号の元素のそれより大きい．この理由を述べよ．この現象はOddo-Harkins則と呼ばれている．

問 1.2 61番元素のプロメチウム(Pm)は，なぜ天然には存在しないのか．その理由を説明せよ．〔まずは，「Mattauchの規則」を調べよ．J. D. Lee 著, 浜口 博, 管野 等 訳,『リー無機化学』, 東京化学同人(1982), p.349.〕

参 考 文 献

1) 足立吟也, 化学, **42**, 78(1987).
2) 足立吟也 監修,『レアメタル便覧』, 丸善(2011),「レアメタル便覧刊行に際して」.
3) 足立吟也 編著,『希土類の科学』, 化学同人(1998), p.37.
4) ウィークス, レスター 著, 大沼正則 監訳,『元素発見の歴史3』, 朝倉書店(1990), p.728.
5) C.H.Evans ed., "Episodes from the History of the Rare Earth Elements Kluwer Academic Publishers," Dordrecht(1996), p.1.

第2章

希土類を理解するための基礎
―― その特徴はここからきている

Keyword

希土類原子およびイオンの電子配置(election configurations of rare earth atoms and ions), 大きさとランタニド収縮(ionic radii and lanthanide contractions), 4f軌道の量子化学(quantum chemistry of 4f orbitals), 磁気モーメント(magnetic moments), 発光スペクトル(emission spectra), イオン化電位(ionization potentials), dブロックイオンとfブロックイオンの比較(comparison of f-block ions with d-block ions)

われわれの身の回りには,超強力磁石,蛍光灯,LED,ハイブリッド車など,希土類イオンが活躍している製品が数多くある.これらの製品には,なぜ"希土類"が使われているのだろうか.また,その"希土類"にはどんな特徴があるのだろうか.詳しくは2.2節で述べるが,57番のランタン(La)から71番のルテチウム(Lu)までの15個のイオンには7本の4f軌道があるので,その軌道には14個の電子が詰められるはずである.しかし,この4f軌道に電子が完全に満たされているのは71番のルテチウムのみで,ほかは"不完全充填"である.この不完全充填4f軌道は,原子の内部に取り込まれているので,特別な条件下でない限り,隣接原子といった外部との電子のやりとりはないと考えてよい.よって,一般的に呼称されているランタニドイオン(R^{3+}),スカンジウムイオン(Sc^{3+}),およびイットリウムイオン(Y^{3+})は,

最外側を完全充填の s^2p^6 によって固められている "剛体球形" の 3 価イオンと考えられる．そのため，これらが形成する化学結合も，ほとんどイオン性である．

同じように，アクチノイドの 89 番のアクチニウムイオン (Ac^{3+}) から 102 番のノーベリウムイオン (No^{3+}) までの各イオンの 5f 軌道も原子の内部にあり，不完全充填である．しかし，これらの 5f 軌道は大きく外部に張りだすことで隣接原子と電子交換を行うことができるので，化学的に活性であり，4f 軌道とは性質が異なっている．よって，5f 軌道は "やわらかいゴム風船形" イオンである．

2.1 4f 軌道電子の特徴

4f 軌道電子が原子の内部にあって，隣接原子との交渉が少ないことは，4f 軌道間の光の吸収および発光スペクトルにも表れており，化合物の種類によらず，ほぼ同じ波長の位置に観測される．それらは半値幅の小さい，鋭い，強度大のスペクトルを示す．この性質は発光材料の開発にたいへん役立っている．

4f 軌道電子が原子の内部に閉じ込められていて，外部から隔離されている状態は磁性にも反映されている．外部場の影響を強く受ける d ブロックイオンとは異なり，磁気モーメントにスピンのみならず，軌道角運動量も効いてくる．超強力希土類磁石はこの性質を利用しているのである．

もう一つの特徴は，イオン半径が原子番号が大きくなるにつれて小さくなっていく現象である．原子番号が大きいほど電子数が増えるので，この増えた電子を収容するぶんだけイオン半径は大きくなるはずである．しかしながら，ランタニド系列では逆にイオン半径が小さくなっていく，いわゆるランタニド収縮がある．この収縮は小刻みに進むので，触媒反応などで，最適の大きさのイオンの選択などに都合がよい．

2.2 希土類の原子およびイオンの電子配置

2.1節でもふれたが,希土類がほかの元素群にくらべて際立った特徴を示すのは,その電子配置に起因する.

表2.1は希土類原子およびイオンの電子配置を示している.ここで,[Ar],[Kr],および[Xe]とあるのはこれら希ガス原子の電子配置である.各原子やイオンは,これら希ガスの軌道に上位の各軌道電子が追加された電子配置になっている.以下に希ガスの電子配置を示す.

アルゴン　　　[Ar]:$1s^22s^22p^63s^23p^6$
クリプトン　　[Kr]:$1s^22s^22p^63s^23p^63d^{10}4s^24p^6$
キセノン　　　[Xe]:$1s^22s^22p^63s^23p^63d^{10}4s^24p^64d^{10}$ □ $5s^25p^6$

表2.1 希土類原子およびイオンの電子配置

元素	原子	R^{3+}	R^{4+}	R^{2+}
スカンジウム(Sc)	[Ar]$3d^14s^2$	[Ar]		
イットリウム(Y)	[Kr]$4d^15s^2$	[Kr]		
ランタン(La)	[Xe]$5d^16s^2$	[Xe]		
セリウム(Ce)	[Xe]$4f^15d^16s^2$	[Xe]$4f^1$	[Xe]	
プラセオジム(Pr)	[Xe]$4f^36s^2$	[Xe]$4f^2$	[Xe]$4f^1$	
ネオジム(Nd)	[Xe]$4f^46s^2$	[Xe]$4f^3$	[Xe]$4f^2$	[Xe]$4f^4$
プロメチウム(Pm)	[Xe]$4f^56s^2$	[Xe]$4f^4$		
サマリウム(Sm)	[Xe]$4f^66s^2$	[Xe]$4f^5$		[Xe]$4f^6$
ユウロピウム(Eu)	[Xe]$4f^76s^2$	[Xe]$4f^6$		[Xe]$4f^7$
ガドリニウム(Gd)	[Xe]$4f^75d^16s^2$	[Xe]$4f^7$		
テルビウム(Tb)	[Xe]$4f^93s^2$	[Xe]$4f^8$	[Xe]$4f^7$	
ジスプロシウム(Dy)	[Xe]$4f^{10}6s^2$	[Xe]$4f^9$	[Xe]$4f^8$	[Xe]$4f^{10}$
ホルミウム(Ho)	[Xe]$4f^{11}6s^2$	[Xe]$4f^{10}$		
エルビウム(Er)	[Xe]$4f^{12}6s^2$	[Xe]$4f^{11}$		
ツリウム(Tm)	[Xe]$4f^{13}6s^2$	[Xe]$4f^{12}$		[Xe]$4f^{13}$
イッテルビウム(Yb)	[Xe]$4f^{14}6s^2$	[Xe]$4f^{13}$		[Xe]$4f^{14}$
ルテチウム(Lu)	[Xe]$4f^{14}5d^16s^2$	[Xe]$4f^{14}$		

ランタノイド原子では，キセノンの□の位置に 4f 軌道が入り，最外側に $6s^2$ が加わる．また，ランタン，セリウム(Ce)，ガドリニウム(Gd)およびルテチウムでは，$5p^6$ と $6s^2$ の間に $5d^1$ が入る．希土類原子の最外側は，いずれも s^2 の電子配置でアルカリ土類と同じである．

ランタノイド原子の電子配置で最も著しい特徴は，イッテルビウム(Yb)およびルテチウムを除くすべての原子おいて，内側にある 4f 軌道には不完全にしか電子が充填されていないことである(s 軌道には 1 本，p 軌道には 3 本，d 軌道には 5 本，"f" 軌道には 7 本の軌道があり，各軌道には電子 2 個まで収容可能)．希土類のイオンでは，(1)**La^{3+} から Yb^{3+} までのすべてのイオンの "4f 軌道に空席" がある**．この "空席" が，磁性や発光および吸収スペクトルの発現に大いに役立つことになるが，これについては 2.4, 2.5 節で述べる．また，大まかにいえば，各軌道のエネルギー準位の順番(その軌道にいる電子の離脱のしやすさ)は，6s, 5d > 4f > 5s, 5p である．(2)**内側にある 4f 軌道電子のほうが，外側にある $5s^2$ や $5p^6$ の電子よりエネルギーは大きい**(図 2.1)．この二つが，ランタノイドの特徴のほとんどすべてといっても差支えない．

また，ランタノイドイオンの最外殻はすべて $5s^2 5p^6$ で同一，また Sc^{3+} お

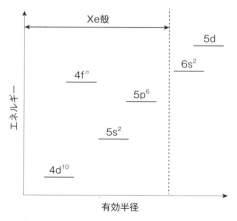

図 2.1　希土類原子の原子軌道の相対エネルギーと有効半径

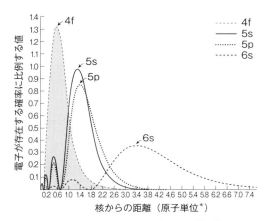

図 2.2　4f, 5s, 5p および 6s 軌道の位置

＊長さ：ボーア軌道半径 $a_0 = 5.2918 \times 10^{-11}$ m

よび Y^{3+} の各イオンはそれぞれ $3s^23p^6$, $4s^24p^6$ であり，いずれも s^2p^6 型の"相似型"である．ここまで"内側"および"外側"と表現したが，それらはどのようなものなのかを見ていこう．

図 2.2 は，希土類での 4f, 5s, 5p および 6s 各軌道における電子の存在確率と，核からの距離の関係を図示したものである．この図から明らかなように，電子が不完全充填している場合の 4f 軌道の電子密度の最大値は，完全充填の 5s や 5p 軌道のそれよりも核に近いところ，すなわち"内側"にある．この図は，量子力学計算にもとづくものであるが，そのような"証拠"はどこにあるのだろうか．

図 2.3 は水溶液中の $Ti(H_2O)_6^{3+}$ と Nd^{3+} の吸収スペクトルを比較したものである．前者は $Ti^{3+}3d^1$ の $t_{2g} \to e_g$ 遷移による吸収であり，この $3d^1$ は最外殻軌道の電子であるので，配位子場の影響（この場合，Ti^{3+} に配位している H_2O の振動の影響）をうけ，スペクトルの半値幅は 7.7 kcm^{-1} と大きい．それに対し，後者（Nd^{3+}）は f → f 遷移とよばれる，内部にある 4f 軌道内のできごとであるので，外部場の影響はほとんどうけず，スペクトルの半値幅も 0.3 kcm^{-1} ときわめて小さく鋭い．すなわち，スペクトルの半値幅の大小が

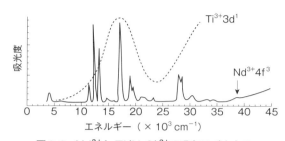

図 2.3　Nd^{3+}と$Ti(H_2O)_6^{3+}$の吸収スペクトル

Nd^{3+}の吸収スペクトルが$Ti(H_2O)_6^{3+}$のそれにくらべて鋭いことに注意.

外部場の影響の程度を表し,関係している軌道の位置の外部,内部を指し示す証拠である.

2.3　希土類イオンの大きさ

　図 2.4 は希土類のイオン半径と原子番号の関係を図示したものである.図の右側に,3価ランタニド(La^{3+}からLu^{3+})のイオン半径が示されており,原子番号が大きくなるにつれて,イオン半径が小さくなっていることがわかる.これは**ランタニド収縮**(lanthanide contraction)とよばれている現象である.普通に考えれば,原子番号が大きくなれば電子の数も増えるので,そのぶんイオン半径も大きくなるはずであるが,ランタニド系列ではむしろ半径が小さくなり,ルテチウムで最小になる.

　これは,外側にいる$5s^25p^6$電子雲が内部の 4f 軌道領域まで侵入して(図 2.2),核陽電荷の増加の影響を直接強くうけるため,$5s^25p^6$電子雲が核により強く引きつけられる,ということである.

　原子番号が大きくなるということは,核の陽電荷数の増加につれて,4f 電子数も増加することである.この 4f 電子は,最外殻の s または p 電子(−)への核の陽電荷(＋)の引力を充分に遮蔽できず,原子番号が大きくなるにつれてぐんぐん"引きしめ"ていくので,原子またはイオン半径が小さくなると考えられる.

2.3 希土類イオンの大きさ

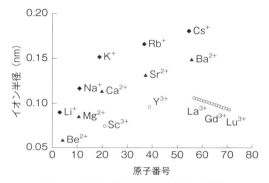

図2.4 イオン半径と原子番号との関係
R.D.Shannon, *Acta Cryst.*, **A32**, 751 (1976) のデータを使用.

ランタニド収縮は相対論では次のように解釈されている．電子の速度は核に近づくほど速くなるが，光速を超えることができないので，質量を増し，半径を小さくして，電子の速度を加減している．この効果は，s > p > d > f 軌道の順になる．すなわち，s,p 軌道は強く引きしめられている．また，相対論の効果は原子番号 Z の2乗で効くので，ランタニド系列のうしろ（周期表の右側）にいくほど，引きしめの程度は大きくなり，半径（この場合 s,p 軌道）は小さくなる．同様の収縮はアクチニドでも見られるが，原子番号のより大きい同系列の原子の s,p 軌道の引きしめにくらべ，5f 軌道の引きしめはそれほどではないので，相対的に 5f 軌道のほうは外にしみだしている．

図2.4には，比較のために第1族のアルカリ金属，第2族のアルカリ土類金属イオンの半径もあげてある．3価の La^{3+}（イオン半径：0.103 nm）から3価の Lu^{3+}（イオン半径：0.086 nm）までの15個のイオンが，わずか 0.03 nm の範囲に少しずつ小さくなりながら収まっている．すなわち，希土類イオンのイオン半径は互いに近い値をもっている．

以上をまとめると，(1) **ランタノイドイオン (3価) には，不完全充填の 4f 軌道が内部にあり，その外側に $5s^25p^6$ の完全充填軌道が存在している**．また，(2) **イオン半径は収縮作用をうけつつも，ほとんど同じである**．

"外側電子配置とイオンの大きさも同じ"ならば，互いに"化学的性質が

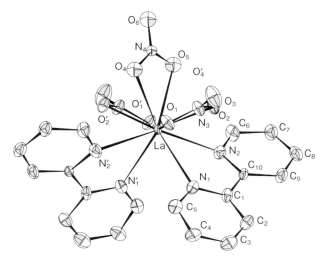

図 2.5 ランタン(La)が 10 配位であるトリニトラトビス(ビピリジル)ランタン〔La(NO$_3$)$_3$(C$_{10}$H$_8$N$_2$)$_2$〕の分子構造

3 個の硝酸イオンの酸素 6 個, 2 個のビピリジル環の窒素 4 個, 計 10 個の配位原子がある. A. R. Al-Karaghouli, J. S. Wood, *Inorg. Chem.*, **11**, 2293 (1972).

酷似している"のは当然のことである. よって, 相互の分離が困難であり新元素か否かの判定に手間取って発見が遅れたのもうなずける.

化合物中で, 中心金属原子を直接取り巻いている原子の数を配位数とよぶ. 希土類イオンでは, この配位数は 2 〜 12 までと幅広く, 大きい. もちろん, この値はどんな配位子が接近してくるかにも関係する. また, ランタニド収縮の影響が配位数にも表れ, 軽希土イオンにくらべ, 重希土イオンでは小さくなる傾向がある. 図 2.5 は La^{3+} が 10 配位を示しているトリニトラトビス(ビピリジル)ランタン〔La(NO$_3$)$_3$(C$_{10}$H$_8$N$_2$)$_2$〕の分子構造である.

配位数が大きいことは, 反応途中で他分子を数多く引きつけることができるので, 触媒として有利である.

2.4 希土類イオンの電子スペクトル

2.4.1 エネルギー準位と遷移

原子のなかでの電子の運動は，核からの"距離"(**主量子数** n：principal quantum number)，核のまわりを周回する"軌道運動"(**軌道角運動量子数**または**方位量子数** l：quantum number of orbital angular momentum または azimuthal quantum number)，軌道面の"傾き"(**磁気量子数** m_l：magnetic quantum number)，および電子自身のなかに回転軸をもって自転する"スピン"(**スピン量子数** s：spin quantum number)で記述するのが一般的である．

図2.2は核からの距離で4f軌道の位置を示したが，4f軌道の相対的なエネルギーは図2.1のように表せる．この4f軌道にはいろいろな"力"が働いて，この軌道のエネルギー準位を分裂させる．この力のことを"相互作用"とよんでいるが，その大きさを順に並べると図2.6のようになる．

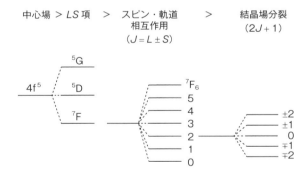

図2.6　4f^{6}の電子配置に対するエネルギー準位の分裂

① 核と電子のクーロン相互作用(中心場)
② 電子間相互作用(LS項)
③ スピン・軌道相互作用(spin-orbit interaction)
④ 結晶場・配位子場相互作用(結晶場分裂)

このうち，①は核と電子の距離で決まる相互作用，④は"内部"にある4f軌道に対する外部からの相互作用であり，この作用は小さいので，ここでは②の電子間相互作用と③のスピン・軌道相互作用について説明する．ちなみに，d電子が最外側にある一般の遷移元素では④のほうが③よりも大きい．

②の電子間相互作用とは，軌道–軌道間およびスピン–スピン間の相互作用をまとめたものと考えることができる．すなわち，"電子間の反発および同一の軌道にいる二つの電子のスピンは，向きが逆（反平行）でなければならない"という**パウリの排他律**(Pauli exclusion principle)の効果である．この場合，すべての電子に対するスピン角運動量の和 $\Sigma s_i = S$ と，すべての軌道角運動量の和 $\Sigma l_i = L$ を，それぞれ独立に取りあげて議論する．このような和（ベクトル和）の取りかたを**ラッセル・ソーンダーズ**(Russel–Saunders)**結合**，あるいは **LS 結合**とよんでおり，ほとんどの元素に当てはまる．

電子2個の場合，L は絶対値 $|l_1 + l_2|, |l_1 + l_2 - 1|, \cdots, |l_1 - l_2|$ までのすべての値をとる．また S は，$s_1 = s_2 = 1/2$ なので，スピンの方向の一つを上向き（↑），もう一つを下向き（↓）とすると，2本とも平行（↑↑）または互いに反平行（↑↓）の二つの場合がある．前者は $S = 1/2 + 1/2 = 1$，後者は $S = 1/2 - 1/2 = 0$ となる．ここで，電子1個のスピン量子数が1/2であるというのは，s電子1個のナトリウム原子の吸収スペクトルD線は2本（D_1：589.75 nm と D_2：589.15 nm）で，エネルギー準位が二つあるが，このことは，**スピン多重度**(spin multiplicity)が $2S + 1 = 2$，すなわち電子のスピン（自転の角運動量）は1/2となり，理解できる．

③のスピン・軌道相互作用とは，スピンベクトルの方向と軌道ベクトルの方向が反平行の場合，最もエネルギーが小さくなるという相互作用である．ある原子で，注目している電子（$-e$）とそれ以外の電子および原子核をまとめて $+Z$ とする．注目している電子を中心にすえて考えると（天動説での地球と太陽の関係），この $+Z$（太陽）は電子（地球）のまわりを回転し，電子の位置に磁場をつくる．これは，電子の軌道運動による磁場でもある．電子はもともとスピン角運動量 S をもっているので，結局同じ位置（距離ゼロ）に軌道角運動量 L とスピン角運動量 S が共存し，相互作用する．具体的には，

2.4 希土類イオンの電子スペクトル

軌道角運動量 L とスピン角運動量 S は，互いに逆向きになろうとする．これがスピン・軌道相互作用の古典論的理解である．この相互作用の大きさは原子番号の 4 乗に比例しているが，より詳細には相対論的量子力学によらねばならない．

軌道角運動量の合成ベクトル L とスピン角運動量の合成ベクトル S の，もう一度ベクトル和をとった値 $|L+S|$, $|L+S-1|$, $\cdots$, $|L-S|$ を全角運動量といい，J で表す．

L	項記号
0	S
1	P
2	D
3	F
4	G
5	H
6	I

項記号を用いたエネルギー準位の表現

$${}^{2S+1}L_J$$

4f 軌道(主量子数 $n=4$, 軌道角運動量量子数 $l=n-1=3$, 磁気量子数 $m_l = l, l-1, \cdots, 0, \cdots, -l+1, -l$)には軌道が 7 個あることをこれまで何度も述べてきたが，これがどのような関数として表されるかは，2.7 節で取りあげる．この "7 個" は，磁気量子数 m_l が $+3, +2, +1, 0, -1, -2, -3$ の 7 個それぞれの "軌道" に対応している．なぜ，わざわざ "磁気量子数" と名付けられたかといえば，原子を磁場のなかに入れて，その磁場の方向を z 方向としたとき，z 方向の角運動量成分 l_z は $(h/2\pi, h$ はプランク定数) を単位として表すと

$$l_z = m_l(h/2\pi)$$

となる．m_l が $+3$ から -3 までの整数値をもつこと(量子化)になり，"磁場" が関係するからである(図 2.7)．磁場の方向を z 軸方向として，その方向の

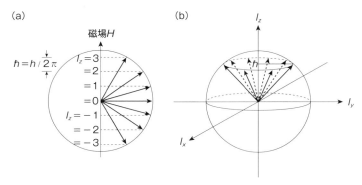

図2.7 角運動量のベクトル表示

(a) $m_l = -3, -2, -1, 0, 1, 2, 3$ に対応する角運動量ベクトル．(b) ベクトル l_z は磁場の方向で確定．l_x, l_y は l_z のまわりを回転していて，方向は定まらない．

ベクトル成分を l_z としたが，ほかの2成分 l_x, l_y は z 軸のまわりを回転しているので，方向が定まらない．また，ベクトルの大きさは $\sqrt{l(l+1)}$ である．$2S+1$ はスピン多重度とよばれている．ここで述べた量子数に対応させたエネルギー状態を，**項**(**term**)とよび，L の値に応じた記号で表す習慣がある．$^{2S+1}L_J$ で，合成角運動量のすべてがわかる．

J で表される状態は，$2J+1$ 個の同じエネルギー状態が含まれていて〔**縮退**あるいは**縮重**(**degenerate**)〕，あたかも1本のように見えているが，磁場をかけるとこの縮退が解除されて，$2J+1$ 個の準位に分かれる．この分裂を**ゼーマン効果**(**Zeeman effect**)とよぶが，結晶場や配位子場によっても同様に分裂する．こちらは電場であるので**シュタルク効果**(**Stark effect**)とよぶ．

図2.8はランタニドイオンのエネルギー準位である．準位を示す短線の右側に項記号を示している．このうちのどれか二つの準位間で，吸収や発光スペクトルが観測される．可視光領域に吸収をもっている場合，そのイオンは"着色"していて，"色"を示すはずである．ランタニドイオンの水溶液中での"色"を示す(カラー口絵参照)．しかし，実際に明瞭に着色して見えるのは，Pr^{3+}，Nd^{3+}，Er^{3+} のみで，ほかのイオンは弱い吸収しかもたず，薄い有色，または La^{3+} のようにもともと4f電子が存在せず，まったくの無色である．

2.4 希土類イオンの電子スペクトル　25

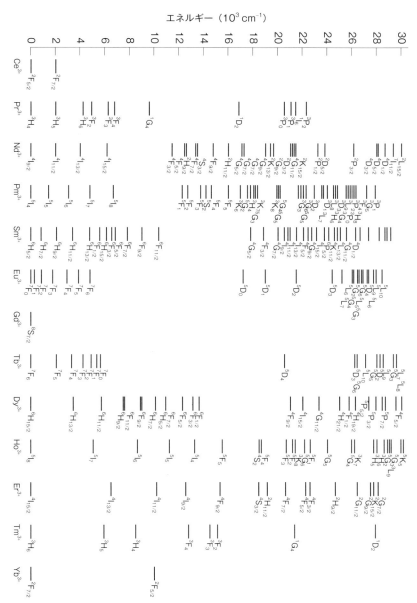

図 2.8　希土類イオン（+3 価）のエネルギー準位

S. Cotton 著，足立吟也 監修，足立吟也，日夏幸雄，宮本 量 訳，『希土類とアクチノイドの化学』，丸善 (2008)，p.93.

2.4.2 電子スペクトルの強度と選択律

2.4.1項でも述べたが,希土類イオンのスペクトルには際立った特徴がある.吸収および発光スペクトルは,ほかの遷移金属イオンのスペクトルにくらべて,鋭く,かつ強度も大きい.スペクトルの強度を調べるには,それぞれのエネルギー準位間の遷移確率を支配している規則,すなわち**選択律**(selection rules)を知らねばならない.

光の吸収と放出,すなわち準位間のエネルギー遷移に関係している物理的な実体はなにか.希土類イオンで起こる遷移では**電気双極子**(electric dipoles：＋と－の対が互いに振動している双極子)と**磁気双極子**(magnetic dipoles；N極とS極の対が振動)がほとんどである.とくに,光の吸収および発光では,電気双極子遷移が支配的である.

状態ψ_aにある電子が,励起されて状態ψ_bにのぼる確率は,次の遷移モーメント m_{ab}

$$m_{ab} = \int \psi_b(r)^* g(r) \psi_a(r) \, dr \quad\cdots\cdots (2.1)$$

の2乗で表す.ここで,$g(r)$は,遷移の種類によってきまる関数(ハミルトニアン演算子)で,電気双極子遷移ではrの奇関数(一次関数),磁気双極子遷移では偶関数(ωr^2；ωは角速度),四重極子遷移では偶関数(二次関数)である.この遷移モーメントがゼロにならないためには,積分記号の内側が偶関数でなければならないので,$g(r)$が奇関数である電気双極子遷移では$\psi_b(r)^*\psi_a(r)$が奇関数,すなわち$\psi_b(r)^*$(励起状態),$\psi_a(r)$(基底状態)の偶奇性〔パリティ(parity)〕が互いに異なること,$g(r)$が偶関数である磁気,および四重極子遷移の場合では,同じであることが必要である(**パリティ選択律**).ここで,"偶"か"奇"を調べるには,その原子の電子の軌道角運動量子数l_iの総和Σl_iが偶数か奇数かを見ればよい.

次に,角運動量に関しては,二つの状態間$(L, S, J) \to (L', S', J')$の電子双極子遷移では,次の関係がある場合のみ許容遷移で,ほかは禁制遷移(観測されないか,されても強度は小さい)である.

$\Delta L = \pm 1$(f 軌道 ⟷ d 軌道間の遷移は許容.f 軌道 ⟷ f 軌道遷移および d 軌道 ⟷ d 軌道遷移は禁制.)

$\Delta S = 0$

$\Delta J = \pm 1, 0$ (ただし,$0 \to 0'$ を除く)

(磁気双極子遷移の場合は f 軌道 ⟷ f 軌道遷移も許容.)

　これらの選択律の背景には,多くの近似を含んでいて,原子番号の比較的小さな原子については成り立つが,希土類元素のような重原子では成立しないこともある.4f 軌道とほかの波動関数との"混成"によっていくぶん緩和され,スピン選択律($\Delta S = 0$)もスピン軌道相互作用によりかなり緩められる.また,電気双極子遷移では禁制でも,磁気双極子遷移,あるいは四重極子遷移では許容である場合もある.結晶場がかかっても破れることがある.

　ここで述べた選択律の理解には群論の初歩的な知識がいる.そのよい参考書として,『化学モノグラフ 19 群論と分子』(大岩正芳,化学同人,1969)があげられる.またスペクトル全般,とくに選択律の詳細でわかりやすい解説は,『原子スペクトルと原子構造』(G.Herzberg 著,堀 健夫 訳,丸善,1964)であろう.ただし,いずれも現在は絶版であるので,図書館の蔵書などを利用してほしい.

　希土類イオンは,一般の基礎的な選択律の拘束力は弱く,頼りにならない.ここで,希土類スペクトルへの理解を深める道しるべとして,**ジャッド-オフェルト理論**(**Judd-Ofelt theory**)がある.これを用いてスペクトルの強度の予測と解釈はもちろん,イオンの幾何学的な環境(対称性)についても議論できることが多い.

　この理論は 4f 軌道間の電気双極子遷移確率を算出するもので,Ω_2,Ω_4,Ω_6 で表される 3 個のパラメータを導入してスペクトルを解析する.ただし,この理論の詳細については次にあげる書籍を参照されたい.〔ジャッド-オフェルト理論の参考書:(1)山瀬利博,「希土類のスペクトル」,足立吟也 編著,『希土類の科学』,化学同人(1999),p.136;(2)櫛田孝司,『光物性物理学』,朝倉書店(1994),p.108.(3)長谷川靖哉,柳田祥三,『光る分子の底力』,ケ

イ・ディー・ネオブック(2006), p.89.〕

2.5 希土類イオンの磁性

2.5.1 磁気モーメント

　磁石の源は孤立した"お一人様電子"，あるいは"**不対電子(unpaired electrons)**"の**磁気モーメント(magnetic moments)**である．"モーメント"という語は，もともと力学での"力のモーメント"からきていて，それは"原点から距離 r の位置に力 F を加えて回転させる能力($N = rF$)のこと"である．野球のバッティングを例に，力のモーメントを見てみよう(図2.9)．ピッチャーから放たれたボールにバットを振って(回転させて)当てることで，ボールに力 F を加えて，遠くに飛ばすことができる．そのバットとボールが当った瞬間，バットのグリップを固定した支点と考え，そこから距離 r の点にボールを当てたときの力のモーメントは，$N = rF$ で表される．

　電磁気学では，(+)-(-)の電気双極子があり，この双極子を電場のなかに入れるとその向きが電場の方向にそろうように"回転"するので，モーメントの姿を同じとみなして電気双極子モーメントとよんでいる．この回転時に働く力のモーメントは(+)-(-)間の距離に電気双極子モーメントをかけた値になる．

　磁気の場合も，磁気双極子(N-S)を想定し(実際には磁極は存在しない)，磁場のなかでの"回転"を考えることから始まったが，究極の素粒子の一つである電子のなかにN極-S極の対を考えることは困難で，"電子にははじめから磁気モーメントが本質として備わっている"と考えるしかない．

　電磁気学では，磁気モーメントの大きさは(磁気モーメントの大きさ) =(円周に流れる電流)×(円の面積)で表され，そのモーメントは円の中心に発生するとしている．半径 r の円周上の電荷 q の粒子が速さ v でまわっているとき，単位時間当たり $v/2\pi r$ 回回転するから，円周上のある一点を単位時間当たり $qv/2\pi r$ の電気量，すなわち電流が流れている．よって，この円電流の磁気モーメントは次のように表せる．

2.5 希土類イオンの磁性

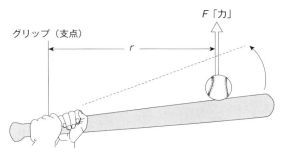

図2.9 野球の打撃における力のモーメント($N = rF$)

$$\frac{qv}{2\pi r} \times \pi r^2 = \frac{qvr}{2} = \frac{q}{2m} mvr = \frac{q}{2m} |l| \quad \cdots\cdots\cdots\cdots\cdots (2.2)$$

ここで，$|l| = mvr$ は電子の軌道角運動量 L の大きさになっている．電子の場合，$q = -e$ であるから，ベクトルとしての磁気モーメント(μ)は

$$\mu = -\frac{e}{2m} l \quad \cdots\cdots\cdots\cdots\cdots\cdots\cdots\cdots\cdots\cdots\cdots\cdots\cdots\cdots\cdots\cdots\cdots (2.3)$$

と表せる．つまり，大きな電流であれ，原子中の電子1個の軌道運動であれ，"回転"していれば磁気モーメントを発生している．電子のスピンもこれを"自転"として納得させている．

電子の角運動量の単位に $h/2\pi = \hbar$ を用いると，$\mu_l = (-e\hbar/2m)(l/\hbar)$ $= \beta_B(l/\hbar)$ と表せる．ここで，β_B を**ボーア磁子**(**Bohr magneton**)とよぶ．

$$\beta_B = (-e\hbar/2m) = 9.2732 \times 10^{-24} \text{ Am}^2 = 9.2732 \times 10^{-24} \text{ J T}^{-1}$$

T は磁束密度のSI単位でテスラ(Tesla)．1T = 10 kG，G はガウス(Gauss)

スピンの磁気モーメント μ_s の大きさは，実測から軌道運動の磁気モーメントの大きさ μ_l の2倍(詳しい値は2.0023倍)であることがわかっているので，

$$\mu_s = (-e\hbar/m)(l/\hbar) = 2\beta_B(l/\hbar) \mu_s = (-e\hbar/m)(l/\hbar)$$
$$= 2\beta_B(l/\hbar) \quad \cdots\cdots\cdots\cdots\cdots\cdots\cdots\cdots\cdots\cdots\cdots\cdots\cdots(2.4)$$

原子またはイオンのもつ磁気モーメントμの大きさは,その原子に存在する不対電子による磁気モーメント,すなわちボーア磁子β_B程度であって,$\mu = p\beta_B$と表せる.このpを**有効磁子数**(numbers of effective magnetons)とよんでいる.表2.2と表2.3は磁気モーメントを有効磁子数で表している.希土類の場合,pは$g_J\sqrt{J(J+1)}$で表される値が実測値をよく再現している.これに対し,dブロック元素の場合は,軌道角運動量Lが"凍結($L = 0$)"されているので,$2\sqrt{S(S+1)}$がよく合っている(表2.3).g_Jはランデ(Lande)の **g 因子** とよばれ,次式でもとめられる.

$$g_J = 1 + \{J(J+1) + S(S+1) - L(L+1)\}/2J(J+1) \quad \cdots\cdots(2.5)$$

表2.2 希土類イオンの磁気モーメント

イオン	電子構造	基底状態 $^{2S+1}L_J$	全角運動量 J	軌道角運動量 L	スピン角運動量 S	有効磁子数 $g_J\sqrt{J(J+1)}$	実測値
Ce^{3+}	$4f^1 5s^2 5p^6$	$^2F_{5/2}$	5/2	3	1/2	2.54	2.4
Pr^{3+}	$4f^2$ 〃	$^3H_4$	4	5	1	3.58	3.5
Nd^{3+}	$4f^3$ 〃	$^4I_{9/2}$	9/2	6	3/2	3.62	3.5
Pm^{3+}	$4f^4$ 〃	$^5I_4$	4	6	2	2.68	⋯
Sm^{3+}	$4f^5$ 〃	$^6H_{5/2}$	5/2	5	5/2	0.84	1.5
Eu^{3+}	$4f^6$ 〃	$^7F_0$	0	3	3	0	3.4
Gd^{3+}	$4f^7$ 〃	$^8S_{7/2}$	7/2	0	7/2	7.94	8.0
Tb^{3+}	$4f^8$ 〃	$^7F_6$	6	3	3	9.72	9.5
Dy^{3+}	$4f^9$ 〃	$^6H_{15/2}$	15/2	5	5/2	10.63	10.6
Ho^{3+}	$4f^{10}$ 〃	$^5I_8$	8	6	2	10.60	10.4
Er^{3+}	$4f^{11}$ 〃	$^4I_{15/2}$	15/2	6	3/2	9.59	9.5
Tm^{3+}	$4f^{12}$ 〃	$^3H_6$	6	5	1	7.54	7.3
Yb^{3+}	$4f^{13}$ 〃	$^2F_{7/2}$	7/2	3	1/2	4.54	4.5

2.5 希土類イオンの磁性

表2.3 dブロックイオンの磁気モーメント

イオン	電子	L	S		J	$g\sqrt{J(J+1)}$ (実測値)	$2\sqrt{S(S+1)}$ (計算値)	$g\sqrt{J(J+1)}$ (計算値)
Sc^{2+}, Ti^{3+}	$3d^1$	2	1/2	↑	3/2	1.8	1.73	1.55
V^{3+}	$3d^2$	3	1	↑↑	2	2.8	2.83	1.63
Cr^{3+}	$3d^3$	3	3/2	↑↑↑	3/2	3.8	3.87	0.77
Mn^{3+}, Cr^{2+}	$3d^4$	2	2	↑↑↑↑	0	4.9	4.90	0
Fe^{3+}, Mn^{2+}	$3d^5$	0	5/2	↑↑↑↑↑	5/2	5.9	5.92	5.92
Fe^{2+}	$3d^6$	2	2	↑↑↑↑↓	4	5.4	4.90	6.70
Co^{2+}	$3d^7$	3	3/2	↑↑↑↑↓↓	9/2	4.8	3.87	6.54
Ni^{2+}	$3d^8$	3	1	↑↑↑↑↓↓↓	4	3.2	2.83	5.59
Cu^{2+}	$3d^9$	2	1/2	↑↑↑↑↓↓↓↓	5/2	1.9	1.73	3.55

津屋 昇, 『磁性体』, 共立出版(1961), p.13.

かなり複雑であるが,これは4f軌道が内部にあって,結晶場が作用せず,スピンも軌道角運動量も,もとのまま生き残っているためである.

2.5.2 4f軌道への電子の詰め方

表2.4は,希土類の7本ある4f軌道への電子の分布を示したものである.各軌道への電子の分配は**フントの規則**(Hund's rule)に従って行われる.すなわち,できるだけ"お一人様電子"の数が大きくなるように充填されていく.この表を見ると,電子が2個対になっていない(孤立した電子の入った)軌道や"空席"の軌道が多くあり,不完全充填であることが一目瞭然である.8.2節で述べるが,このことが磁性材料では"なぜ希土類が必要か"の根本である.

希土類イオンで不対電子が存在しているのは,$5s^2 5p^6$軌道電子に外から囲まれた4f軌道なので,結晶場・配位子場の影響がなく,"自由"で,スピン角運動量 S はもちろん,軌道角運動量 L ももとのまま,"凍結"されずに活動している.よって,有効磁子数も全角運動量 $J(= L \mp S ; L$ は"ゼロ"で

表2.4 4f軌道への電子の分布

イオン		La^{3+}	Ce^{3+}	Pr^{3+}	Nd^{3+}	Pm^{3+}	Sm^{3+}	Eu^{3+}	Gd^{3+}	Tb^{3+}	Dy^{3+}	Ho^{3+}	Er^{3+}	Tm^{3+}	Yb^{3+}	Lu^{3+}
m_l	n	0	1	2	3	4	5	6	7	8	9	10	11	12	13	14
3		—	—	—	—	—	—	—	↑	↑↓	↑↓	↑↓	↑↓	↑↓	↑↓	↑↓
2		—	—	—	—	—	—	↑	↑	↑	↑↓	↑↓	↑↓	↑↓	↑↓	↑↓
1		—	—	—	—	—	↑	↑	↑	↑	↑	↑↓	↑↓	↑↓	↑↓	↑↓
0		—	—	—	—	↑	↑	↑	↑	↑	↑	↑	↑↓	↑↓	↑↓	↑↓
−1		—	—	—	↑	↑	↑	↑	↑	↑	↑	↑	↑	↑↓	↑↓	↑↓
−2		—	—	↑	↑	↑	↑	↑	↑	↑	↑	↑	↑	↑	↑↓	↑↓
−3		—	↑	↑	↑	↑	↑	↑	↑	↑	↑	↑	↑	↑	↑	↑↓
$S = \Sigma S_z$		0	1/2	1	3/2	2	5/2	3	7/2	3	5/2	2	3/2	1	1/2	0
$L = \Sigma m_l$		0	3	5	6	6	5	3	0	3	5	6	6	5	3	0
$J = L \pm S$		0	5/2	4	9/2	4	5/2	0	7/2	6	15/2	8	15/2	6	7/2	0
最低項		$^1S_0$	$^2F_{5/2}$	$^3H_4$	$^4I_{9/2}$	$^5I_4$	$^6H_{5/2}$	$^7F_0$	$^8S_{7/2}$	$^7F_6$	$^6H_{15/2}$	$^5I_8$	$^4I_{15/2}$	$^3H_6$	$^2F_{7/2}$	$^1S_0$

n：4f電子の数．

はない)で表せる(表2.2)．2.4.1項でも学んだように，スピン・軌道相互作用によって，スピンによる磁気モーメントの方向と，軌道運動による磁気モーメントの方向は逆向きになっている．

先述のフントの規則は軌道への電子の詰め方の規則で，基底状態にのみ適用できる簡単なものである．軌道が複数本ある場合は，パウリの排他律(1本の軌道にはスピンを互いに逆方向にした電子が2個まで入る)に従う電子の詰め方が何通りもあるので，まずスピン多重度 $2S+1$ が最大になるように入れる．これも何通りもある場合は，このなかから軌道角運動量 L が最大になっているものを選ぶ．さらにこれも何通りもある場合は，スピン・軌道相互作用に従って，スピンと軌道運動の回転の向きが"逆"になるように電子を詰めていくのである．ただし，**この規則は励起状態には適用できない**．

軽希土(4f電子数 n，$7 > n$)では，そのまま $J = L - S$ となっている(図2.10)．たとえば，Eu^{3+} は磁気量子数 $m_l - 3$ から $+2$ までの軌道に，6個の上向きのスピンがすべて同じ向きに入っているので，合成された全スピン S は，$S = (1/2) \times 6 = 3$ である．軌道角運動量 L は磁気量子数 $m_l - 2$ か

2.5 希土類イオンの磁性

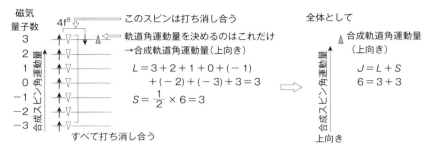

図 2.10 テルビウム(Tb)における軌道角運動量 L とスピン角運動量 S

ら +2 までの 5 本の軌道では,$(-2)+(-1)+0+(+1)+(+2)=0$ なので打ち消され,結局 -3 が残る.この軌道の向きは,スピン軌道相互作用により,全スピン S の向きとは逆で,$J=L-S=3-3=0$ となる.

重希土(4f 電子数 n,$7<n$)では,$J=L+S$ となる.たとえば,Tb^{3+} の全スピン S は,$S=(1/2)\times 7-(1/2)=3$.軌道角運動量 L は磁気量子数 m_l-3 から $+3$ までの軌道のうち,$+3$ の軌道の電子 2 個のうちの 1 個,および $+2$ から -3 までの軌道の電子 6 個,計電子 7 個の軌道の向きは同じで,互いに打ち消し合う.$+3$ の軌道の残る 1 個の軌道の向きが,Tb^{3+} の 4f 軌道全体の軌道の向きを決めることになり,その向きは全スピンの向きと同じになっている.よって,$J=L+S=3+3=6$ である.

表 2.2 に希土類イオンの磁気モーメントを**有効磁子数**(numbers of effective magneton)として,β_B 単位で示した.表中の実測値は,各元素の硫酸塩などの簡単な化合物の磁化率を測定し,以下の**キュリーの法則**(Curie's law)を適用してもとめている.

$$\chi = C/T = Ng_J^2 J(J+1)\beta_B^2/3kT \quad \cdots\cdots\cdots\cdots\cdots (2.6)$$

N:単位体積中に含まれるイオン数,k:ボルツマン定数,T:温度,β_B:ボーア磁子

不対電子をもった物質に磁場 H をかけたとき,磁場 H に比例する磁気モーメントが発生する.この比例定数 χ を常磁性磁化率とよぶが,この値が絶対温度の逆数に比例する.

表 2.2 の実測値と理論値 $[g_J\sqrt{J(J+1)}]$ とは少しずつ差があり,とくに Eu^{3+} イオンでは差が大きい.これは図 2.11 から明らかなように,Eu^{3+} の基底状態 $^7F_0$ とすぐ上の励起状態 $^7F_1$ が接近していて,磁場をかけて測定する際に,基底状態にこの励起状態が"混じって"くるからである.Sm^{3+} も Eu^{3+} と同じく,最低項 ($J = 5/2$) と,そのすぐ上の第一励起準位 ($J = 7/2$) とのエネルギーの間隔は,ほかのイオンのそれにくらべてたいへん小さい.よって,わずかなエネルギーの揺らぎによってすぐ上の準位に昇位し,基底状態では磁気モーメントがゼロでも,磁場をかけると上の準位が"混じって"きて,新しい磁気モーメントを生じる.この磁気モーメントは温度にはよらない.この温度にはよらない項 α_J を**ヴァン・ヴレック常磁性項**(van Vleck paramagnetism)とよぶ.

$$\chi_M = N\left[\frac{g^2\mu_B^2 J(J+1)}{3kT} + \alpha_J\right] \cdots\cdots\cdots(2.7)$$

χ_M:モル磁化率,T:温度,g:ランデの g 因子,μ_B:ボーア磁子数,α_J:バン・ブレックの常磁性項

希土類イオンの有効磁子数は,軌道角運動量 L とスピン角運動量 S の両方とも入っていて,全角運動量 $J(= L + S)$ で記述できる.これに対し,d ブロックのイオンでは,実測値はスピン S のみで計算した値に近く(表 2.3),軌道角運動量 L が"凍結($L = 0$)"されている.これは,d ブロックイオンの不対電子が最外殻の d 軌道にあるので,隣接している陰イオンからの結晶場・配位子場がまともに作用し,d ブロックイオンの電子雲が隣接陰イオンの電子雲を避けるように陰イオンの間に張りだすため,電子雲が相互に干渉し合うことで,軌道運動が固定され,自由に電子の位置を調節できないからである.

希土類イオンで不対電子が存在しているのは,$5s^25p^6$ 軌道電子に囲まれて

2.5 希土類イオンの磁性

外から隔離された4f軌道なので，結晶場・配位子場の影響がなく，"自由"で，軌道角運動量 L もスピン角運動量 S ももとのまま活動している．よって，有効磁子数も全角運動量 $J(=L+S)$ で表せる．

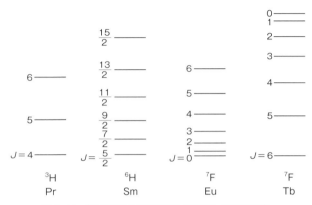

図2.11　基底状態と励起状態が接近している準位

ブアン・ブレック著，小谷正雄，神戸謙次郎 共訳，『物質の電気分極と磁性』，吉岡書店(1958)，p.256.

Column 3　4f軌道への電子の割り付けと"4f"記号

F.Hundは，パウリの排他律(1924)に従って4f軌道への電子の割り付けを行い，Z. für Physik 誌にて論文を発表している〔F.Hund, Z. für Physik, **33**, 855(1925)〕．この論文では，4f軌道を"4_4"と表していて，大きい数字の"4"は主量子数4を，下ツキの"$_4$"は軌道(s, p, d, f, …)の4番目，すなわちf軌道を意味している．表2.2では，希土類イオンの磁気モーメントの有効磁子数の理論値は $g_J\sqrt{J(J+1)}$ で表しているが，この論文が発表されたのは，まだ前期量子論の時代であり，$g_J J$ の値を掲載している．

スペクトルのエネルギー準位にs，p，d，fなどの記号を付けるのは，A.Sommerfeld〔Ann. d. Phys., **63**, 211(1920)〕がすでに行っていたが，

"orbit(軌道,ただし orbital でないことに注意)" にこれを付ける記述は,C.C.Kiess,H.K.Kiess〔*J. Opt. Soc. Am.*, **8**, 607(1924)〕に見られる.

2.6 希土類イオンの熱力学的性質と価数

希土類イオンは,一般に水溶液中および固体中では +3 価が安定であるが,これには例外もある.たとえば,セリウムは酸化物中ではほとんどの場合 +4 価として,また,プラセオジムおよびテルビウムでも,いくつかの場合 +4 価となっている.一方,サマリウム,ユウロピウム,およびイッテルビウムでは,+2 価になっていることもある.

表2.5に希土類イオンの酸化還元電位 E^0 を示す.これらの値をみると,希土類金属は,一般にアルカリ($-E^0 = 2.7 \sim 3.0$ V),アルカリ土類金属($-E^0 = 2.7 \sim 2.9$ V)よりも "陽性" が小さく(より還元されやすく),第13族のアルミニウム($-E^0 = 1.66$ V)よりも "陽性" がはるかに大きい(還元されにくい).

ユウロピウムおよびイッテルビウムの $-E^0$ は,ほかの希土類イオンにくらべて小さく,還元されやすい.この二つのイオンの $R^{3+} + e^- \longrightarrow R^{2+}$ の電位 $-E^0$ の小ささ(ゼロにどれだけ近いか)は,2価イオンの相対的な安定度を示している.同様に,$R^{3+} - e^- \longrightarrow R^{4+}$ の酸化反応で,実在しうる E^0(正の値で,最もゼロに近い)をもっているのはセリウムのみで,このイオン Ce^{4+} は,4価として水溶液中で安定に存在できる唯一のイオンである.

表2.6は各段階の**イオン化エネルギー**(ionization energy)の一覧表である.Eu^{2+},Yb^{2+} などの2価イオンが安定なのは,これらイオンの I_3 が大きいためである.Eu^{3+} から Eu^{2+} になるには,$4f^6$ にさらにもう1個の電子を付け加え,$4f^7$ にしなければならない.しかし,そうすると並行スピンの組の数が増え,交換エネルギーが大きくなってしまう.あるいは,Eu^{2+} では Gd^{3+} と同じ 4f 軌道が半分充填($4f^7$),Yb^{2+} では完全充填($4f^{14}$)で,それぞれ特別に安定化するためと説明されることもある.このうち,"半分充填" は "交

表 2.5 希土類イオンの酸化還元電位 E^0(V)

	La	Ce	Pr	Nd	Pm	Sm	Eu	Gd
$R^{3+} + 3e^- \to R$	−2.37	−2.34	−2.35	−2.32	−2.29	−2.30	−1.99	−2.29
$R^{3+} + e^- \to R^{2+}$	(−3.1)	(−3.2)	(−2.7)	−2.6*	(−2.6)	−1.55	−0.34	(−3.9)
$R^{4+} + e^- \to R^{3+}$		1.70	(3.4)	(4.6)	(4.9)	(5.2)	(6.4)	(7.9)

	Tb	Dy	Ho	Er	Tm	Yb	Lu	Y
$R^{3+} + 3e^- \to R$	−2.30	−2.29	−2.33	−2.31	−2.31	−2.22	−2.30	−2.37
$R^{3+} + e^- \to R^{2+}$	(−3.7)	−2.5*	(−2.9)	(−3.1)	−2.3*	−1.05		
$R^{4+} + e^- \to R^{3+}$	(3.3)	(5.0)	(6.2)	(6.1)	(6.1)	(7.1)	(8.5)	

カッコは推定値．* は THF(テトラヒドロフラン；tetrahydrofuran)中での値．
S. Cotton 著，足立吟也 監修，足立吟也，日夏幸雄，宮本 量 訳，『希土類とアクチノイドの化学』，丸善(2008)，p.18.

表 2.6 イオン化エネルギー(kJ mol^{-1})

	I_1	I_2	I_3	I_4	$I_1 + I_2$	$I_1 + I_2 + I_3$	$I_1 + I_2 + I_3 + I_4$
La	538	1067	1850	4819	1605	3455	8274
Ce	527	1047	1949	3547	1574	3523	7070
Pr	523	1018	2086	3761	1541	3627	7388
Nd	529	1035	2130	3899	1564	3694	7593
Pm	536	1052	2150	3970	1588	3738	7708
Sm	543	1068	2260	3990	1611	3871	7990
Eu	546	1085	2404	4110	1631	4035	8145
Gd	593	1167	1990	4250	1760	3750	8000
Tb	564	1112	2114	3839	1676	3790	7629
Dy	572	1126	2200	4001	1698	3898	7899
Ho	581	1139	2204	4110	1720	3924	8034
Er	589	1151	2194	4115	1740	3934	8049
Tm	597	1163	2285	4119	1760	4045	8164
Yb	603	1176	2415	4220	1779	4194	8414
Lu	523	1340	2033	4360	1863	3896	8256
Y	616	1181	1980	5963	1797	3777	9740

I_1：第一イオン化エネルギー，I_2：2個目を第二イオン化エネルギー，I_3：第三イオン化エネルギー，I_4：第四イオン化エネルギー．
S. Cotton 著，足立吟也 監修，足立吟也，日夏幸雄，宮本 量 訳，『希土類とアクチノイドの化学』，丸善(2008)，p.18.

換エネルギー K'' が最大になる(Column 4)ということで理解できるが，"完全充填"は説明困難である．

各原子の昇華熱(蒸発熱)のうち，サマリウム(Sm)，ユウロピウム(Eu)およびイッテルビウム(Yb)で異常に小さな値を示している(表2.7)．これは，金属中でもこれらのイオンは＋2価になっているからである．これらの金属半径は，ほかにくらべて大きな値をもっており，やはり＋2価イオンで存在していることがわかる．

＋4価のセリウム(Ce)イオンで$(I_1 + I_2 + I_3 + I_4)$の値が最少となっているが，＋4価なので，4f軌道の電子数が"ゼロ"となり，やはり安定になる．

表2.7 昇華熱(原子化エンタルピー)(kJ mol^{-1})

Ba	La	Ce	Pr	Nd	Pm	Sm	Eu	Gd	Tb	Dy	Ho	Er	Tm	Yb	Lu	Hf
150.9	402.1	398	357	328		164.8	176	301	391	293	303	280	247	159	428.0	570.7

比較のため Ba の値もあげている．
S. Cotton 著，足立吟也 監修，足立吟也，日夏幸雄，宮本 量 訳，『希土類とアクチノイドの化学』，丸善(2008)，p. 26.

Column 4　　　　　　　　　　　　　　　　　4f軌道電子のエネルギー

4f軌道電子のエネルギーは，ガドリニウム(Gd)原子を例とすれば，次のように考えることができる．ガドリニウム原子の電子配置 $4f^7 5s^2 5p^6 5d^1 6s^2$（＋3価イオンでは $4f^7 5s^2 5p^6$）である．このうち $5s^2 5p^6$ ははるかに低いエネルギー準位にあるので，"内核"電子とみなして除外し，$4f^7 5d^1$ についてのみ考慮する．

- 核と各電子のクーロンエネルギー E
  引力：$7E_f + E_d$
- 電子間反発エネルギー J
  f電子間の静電反発(4f電子の対の数は7個から2電子対がつくれる数に比例：$21J_{ff}$)＋($5d^1$電子と$4f^7$電子との反発：$7J_{fd}$)
- 交換エネルギー K

> 電子のスピンが平行であって，パウリの排他律により異なる軌道に
> 入るので，電子は互いに遠ざかり，反発のエネルギーは減少する．
>
> フントの規則が成り立っているとすれば，$4f^7 5d^1$ にある8個の電子はすべて並行．$4f^7$ の電子からつくれる2電子並行対の組合せの数21個に定数 K_{ff} をかけた $-21K_{ff}$，同様に $5d^1$ と $4f^7$ の間の2電子並行対の数7個で $-7K_{fd}$，負の記号はこの原子の電子エネルギーの安定化（エネルギーが小さくなる方向）を意味している．
>
> 　　　ガドリニウム原子の電子配置 $4f^7 5d^1$ の電子エネルギー
> 　　　$= 7Ef + E_d + 21J_{ff} + 7J_{fd} - 21K_{ff} - 7K_{fd}$
>
> ランタノイド系列では，第3イオン化エネルギー I_3 の値は，原子番号の増加につれて大きくなっていくが，ガドリニウムとルテニウムでは小さい．これは $4f^7$ ではなく $5d^1$ の電子が離脱するからと考えられている．

2.7 4f 軌道の形

　これまで4f軌道の性質が希土類の特徴をつかさどっていることを繰返し述べてきた．では，この軌道はどんな形をしているのだろうか．希土類原子の波動関数 ψ を，半径方向の関数 $R(r)$ と角度分布の関数 $Y(\theta, \phi)$ に変数分離すると次のように表せる．

$$\psi = R(r) \cdot Y(\theta, \phi) \quad \cdots \cdots \cdots (2.8)$$

ここでは軌道の形を表す $Y(\theta, \phi)$ のみを取りあげる．
　この微分方程式の解には複素数が含まれているので，空間表示するために解の線形結合をつくって実数化すると次の式2.9のようになる．Z は原子核の電荷である．

$$4f_{x^3-3xy^2} = \frac{1}{3072\sqrt{5\pi}} Z^{9/2} \exp\left(-\frac{Zr}{4}\right) x(x^2-3y^2)$$

$$4f_{y^3-3yx^2} = \frac{1}{3072\sqrt{5\pi}} Z^{9/2} \exp\left(-\frac{Zr}{4}\right) y(y^2-3x^2)$$

$$4f_{zx^2-zy^2} = \frac{1}{1024\sqrt{3\pi}} Z^{9/2} \exp\left(-\frac{Zr}{4}\right) z(x^2-y^2)$$

$$4f_{xyz} = \frac{1}{512\sqrt{3\pi}} Z^{9/2} \exp\left(-\frac{Zr}{4}\right) xyz \quad \cdots\cdots\cdots(2.9)$$

$$4f_{5xz^2-xr^2} = \frac{1}{1024\sqrt{30\pi}} Z^{9/2} \exp\left(-\frac{Zr}{4}\right) x(5z^2-r^2)$$

$$4f_{5yz^2-yr^2} = \frac{1}{1024\sqrt{30\pi}} Z^{9/2} \exp\left(-\frac{Zr}{4}\right) y(5z^2-r^2)$$

$$4f_{5z^3-3zr^2} = \frac{1}{3072\sqrt{5\pi}} Z^{9/2} \exp\left(-\frac{Zr}{4}\right) z(5z^2-3r^2)$$

ただし，ここでは次の関係（図2.12）を用いている．

式2.9を図示したのが図2.13である．関数値がゼロになる面を結節面とよぶ．たとえば，f_{xyz} では xy, yz, および zx 面が結節面であるので，4f電子は〈1, 1, 1〉方向に張りだした形になる．

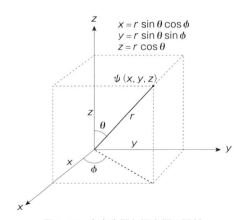

図 2.12 直交座標と極座標の関係

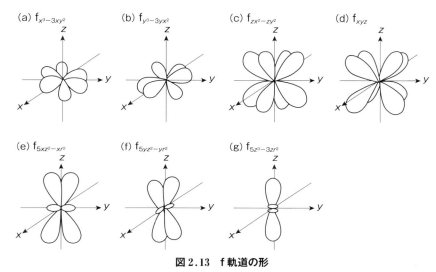

図 2.13　f 軌道の形

巻野勇喜雄, 『希土類の科学』, 足立吟也 編著, 化学同人 (1999), p.53.

章　末　問　題

問 2.1　ランタニドと同様アクチニドの 5f 軌道も"内部にあって, 不完全充填"で,"アクチニド収縮"も観測される. ランタニドイオンのほとんどは +3 価で, イオン価の種類はあまり多くない. 一方, アクチニドイオンの場合, たとえば, ウランは +3～+6 のイオン価をもっている. この相違の理由を考えよ. (ヒント: 用語集のランタニド収縮の項も参照せよ.)

問 2.2　表 2.6 の I_1, I_2 あるいは I_3 のいずれが表 2.5 の $R^{3+} + e^- \longrightarrow R^{2+}$ の還元電位と対応しているかを調べよ.

問 2.3　Nd^{3+} および Fe^{3+} の磁気モーメントをもとめよ.

参 考 文 献

1) A.J.Freeman, R.E.Watson, *Phys. Rev.*, **127**, 2058 (1962).
2) B.C.Webster 著, 小林 宏, 松沢英世 訳, 『原子と分子』, 化学同人 (1993), p.65.
3) 小出昭一郎 著, 『量子力学 (I)』, 裳華房 (1969), p.195.
4) L.R.Morss, R.J.M.Konings, "Thermochemistry of binary rare earth oxides ; Binary Rare Earth Oxides," G.Adachi, N. Imanaka, Z.C.Kang ed., Kluwer Academic Publishers (2004), p.163.
5) R.D.Shannon, *Acta Cryst.*, **A32**, 751 (1976). 希土類のみならず, 全金属イオン, および一部のアニオンの半径がまとめられている.
6) S.Cotton 著, 足立吟也 監修, 足立吟也, 日夏幸雄, 宮本 量 訳, 『希土類とアクチノイドの化学』, 丸善 (2008), p.14.
7) 鐸木啓三, 菊池 修 著, 『電子の軌道』, 共立出版 (1985), p.10.

第3章

希土類化合物の合成と金属の製錬

Keyword

酸化物(oxide)，硫化物(sulfide)，ハロゲン化物(halide)，硝酸塩(nitrate)，硝酸セリウムアンモニウム(cerium ammonium nitrate; CAN)，炭酸塩(carbonate)，酢酸塩(acetate)，アミンポリカルボン酸塩(aminopolycarboxylic acid complex)，アルコキシド(alkoxide)，有機金属(organic metal)，シクロペンタジェニル化合物(cyclopentadienyl compound)，金属精錬(metal refining)，カルシウム還元(calciothermic reduction)，溶融塩電解(molten salt electrolysis)

希土類化合物はきわめて多いので，ここでは理論を学ぶ上で重要である，あるいは材料合成に不可欠な化合物の合成法を学ぶ．

希土類化合物の中心金属イオンの最外殻電子配置は s^2p^6 で完全充填である．希土類イオンの水溶液中の価数は一般に＋3価と考えてよい．ただし，セリウムイオンはしばしば＋4価(Ce^{4+})である．また，ユウロピウムイオンは＋2価(Eu^{2+})になりうるが，ただちに溶媒である水を分解し，水素を発生しつつ，自らは酸化されて Eu^{3+} になる．

ハロゲン化物では，有機合成触媒として用いられるヨウ化サマリウム(Ⅱ)(SmI_2)などのいくつかの低酸化状態化合物は，固体および非水溶媒中で安定である．

現在，多くの希土類"錯体"とよばれている化合物が合成されているが，

中心金属である希土類イオンと配位子との電子対授受の可能性は低く,錯形成にもとづくエネルギーの安定化の寄与も小さい.つまり,希土類化合物の化学結合は"狭義"のイオン結合と考えてよい.

ここでは,酸化物,硫化物,ハロゲン化物,硝酸塩,炭酸塩,有機酸塩,アルコキシド,有機金属化合物および金属の代表例について,その合成法と精錬法を述べる.

3.1 酸化物の合成

(a) 三二酸化物(R_2O_3)

セリウム(Ce),プラセオジム(Pr)およびテルビウム(Tb)を除く希土類硝酸塩を空気中 600~800℃で加熱すると得られる.金属の加熱では,窒化物の混入などの恐れがある.炭酸塩,シュウ酸塩,酢酸塩では 700~800℃で得られる.セリウム,プラセオジムおよびテルビウムは,それぞれ概略の組成で,CeO_2,Pr_6O_{11} および Tb_4O_7 が得られる.これらを水素気流中で部分還元して,三二酸化物を得ることができる.

(b) 二酸化物(RO_2)

よく知られているのは,"酸化セリウム(概略組成:CeO_2,黄白色)"で,硝酸塩または硝酸セリウム二アンモニウム(Ⅳ)〔$(NH_4)_2Ce(NO_3)_6$〕の,空気または酸素気流中での加熱で得られる.ただし,O/Ce 比が 1.998 以上のものを得るには,硝酸セリウムでは 400~500℃,炭酸セリウムでは 600℃で加熱する必要がある.O/Ce 比をこの値以上に保つには,系の酸素分圧を大きくする必要がある.密閉系では,未分解の炭酸塩の残存に注意しなければならない.

(c) 一酸化物(RO)

固体では,"酸化ユウロピウム(概略組成:EuO,紫色)"のみ実在が確認されている.この化合物の合成で最も推奨されるのは次の反応である.

$$Eu_2O_3 + Eu \longrightarrow 3EuO$$

Eu_2O_3 に対し,空気中で化学量論比の1.5倍のユウロピウム(Eu)に混合し,タンタル(Ta)管に詰め,真空中で封管する.このタンタル管を炭素るつぼ使用高周波誘導炉にて1800℃付近で2〜3時間加熱すると,若干のEu過剰なEuOが得られる.また,炭素による還元をアルゴン(Ar)雰囲気中1600〜1700℃で行わせる方法もある.厳密なR/O比を問題にしなければ,YbOも存在するらしい.

3.2 硫化物の合成

硫化物の組成(R/S比)は複雑であり,所定の化合物を得るには合成条件の制御を厳密に行い,生成物の分析も不可欠である.一般的には以下の方法がある.

(a) 三二硫化物(R_2S_3)

一つ目の合成法として,元素同士を直接結合する方法がある.石英管に硫黄と金属を導入して,真空にしたのち封管し,1000℃で10時間程度加熱することで得られる.二つ目に,酸化物と硫化水素(H_2S)を反応する方法がある.CeO_2 をグラファイトボートにのせて反応管中に設置し,1200℃で H_2S を流通させる.反応は十数分で完了し,γ-Ce_2S_3 が得られる.1000℃での加熱では,10分で Ce_2O_2S が生成する.元素の種類により,これら条件は変化する.

(b) 二硫化物(RS_2)

(a)と同様に,元素同士の直接結合する,あるいは石英管中での R_2S_3 と硫黄の反応による二つの方法がある.ただし,金属と硫黄の原子比を1:3程度にして,600〜800℃で数十時間加熱し,過剰の硫黄は二硫化炭素で溶解して除去する必要がある.この結合比の化合物では,やや硫黄不足になっているのが一般的である.

(c) 一硫化物(RS)

(a)と同様に,元素同士の直接結合する方法がある.保持温度は1050℃,保持時間は2〜3日という合成例がある.R_2S_3(R = Pr または Nd)の

1650℃での熱分解でも得られる．また，EuSはEu$_2$O$_3$をグラファイトボートに入れて，H$_2$S気流中で1100〜1200℃に加熱しても得られる．

3.3 ハロゲン化物の合成

(a) フッ化物（RF$_3$）

フッ化物水溶液中からの合成では，白金(Pt)またはテフロン容器中にて，フッ素以外のハロゲン化物または硝酸塩溶液に，40％フッ化水素(HF)水溶液を80℃に加温しつつ滴下し，生成物をろ過したのち，HF水溶液にて洗浄，乾燥して得る．固体反応を用いる方法では，アルミナボートに三二酸化物を入れ，600〜800℃にてフッ化水素ガスを数時間流通させて得る．生成物中のオキシフッ化物(ROF)の共存に注意する．また，ほかの合成法では，三二酸化物を二フッ化水素アンモニウム(NH$_4$HF$_2$)と混合し，150℃で数時間加熱したのち，350℃でフッ化アンモニウムを分解除去して得る．

(b) 塩化物（RCl$_3$）

酸化物を塩酸水溶液に溶解し，濃縮して結晶化すれば六水和物が得られる．無水物の合成で最も簡便な方法は，酸化物と塩化アンモニウムによる次の固体反応(150℃で第一段加熱，次いで300〜400℃で加熱)を用いることである．

$$R_2O_3 + 6NH_4Cl \longrightarrow 2RCl_3 + 3H_2O + 6NH_3$$

無水塩化物合成で注意すべき点は，オキシ塩化物(ROCl)の共存である．この化合物は水への溶解度が低いので，この化合物の生成を極力，防止しなければならない．それには，塩化アンモニウムを当量以上(当量の5〜10倍)に用い，加熱は真空中(10^{-4} mmHg；1 mmHg = 101325/760 Pa = 133.322 Pa)で行うのが望ましい．また，いったん酸化物を塩酸水溶液に溶解し，濃縮して得たRCl$_3$・nH$_2$O(n = 6〜7)に塩化アンモニウム(当量の3〜5倍)を混合して，酸化物からの反応と同様に加熱してもよい．

二塩化ユウロピウム(EuCl$_2$)は三塩化物の加熱下での水素還元で容易に得られる．

(c) 二ヨウ化サマリウム(SmI$_2$)

内部を真空にできるガラスまたは石英製管状横型容器中に，金属サマリウム(Sm)と固体ヨウ素(I)とを別べつに置き，真空下，860 ℃で加熱すると，発生したサマリウム蒸気が固体ヨウ素に移動し，SmI$_2$が生成する．混在するSmI$_3$は850 ℃で分解し，SmI$_2$になる．SmI$_2$の融点は520 ℃なので，液体状SmI$_2$を装置の冷部まで流し，そこで固化させる．SmI$_2$は一電子還元剤として有機合成によく用いられる．

有機合成反応にそのまま用いることができるSmI$_2$のテトラヒドロフラン(tetrahydrofuran；THF)溶液は，三つ口フラスコを用い，THF溶液中に過剰量の金属サマリウム粉末を懸濁させ，これに1,2-ジヨードメタンを滴下し，攪拌して調整することで得られる．その際の操作は窒素気流中で行う．

3.4 硝酸塩〔R(NO$_3$)$_3$〕の合成

硝酸とやや過剰な量の酸化物との反応で合成できる．未反応の酸化物は，反応終了ののちにろ別し，ろ液を濃縮して結晶化させる．一般には六水和物が得られる．硫酸塩も同様にして得ることができる．ただし，純粋な4価の硝酸セリウムを得ることは困難で，Ce^{3+}の混在は避けられない．

硝酸セリウム二アンモニウム(IV)〔(NH$_4$)$_2$Ce(NO$_3$)$_6$〕，硝酸セリウム(IV)〔Ce(NO$_3$)$_4$〕および硝酸アンモニウム(NH$_4$NO$_3$)の水溶液をCe^{4+}：NH$_4^+$ = 1：2になるよう混合し，蒸発濃縮したのちに冷却晶出させ，さらにこの結晶を再結晶して得られる．もう一つの方法は，硝酸セリウムアンモニウム二アンモニウム(III)〔(NH$_4$)$_2$Ce(NO$_3$)$_5$〕の電解酸化である．この化合物の硝酸酸性溶液を白金板陽極，白金線陰極，電流密度0.1～0.2 Adm^{-2}で電気分解し，生成物を濃縮，晶出させると得られる．

3.5 炭酸塩〔R(CO$_3$)$_3$〕の合成

希土類イオンの希薄な水溶液に二酸化炭素を飽和した炭酸アンモニウム, あるいは炭酸水素アンモニウム水溶液を滴下すると, ゼラチン状の沈殿が生成する. そのまま加温を行い, 生じた沈殿をろ過したのち, 同じく二酸化炭素を飽和した水溶液で洗浄, 乾燥する. これによりおおむね三水和物が得られるが, 一部, ヒドロキシ基が炭酸塩に置換されていない塩基性塩〔RCO$_3$(OH)〕の混入に注意しなければならない.

もう一つの方法はトリクロロ酢酸塩の加水分解である.

$$2R(CCl_3COO)_3 + 3H_2O \longrightarrow R_2(CO_3)_3 + 3CO_2 + 6CHCl_3$$

酸化物を, 若干過剰の25%トリクロロ酢酸(CCl$_3$COOH)水溶液に, 加温しつつ溶解する. これを水で希釈すると炭酸塩が析出してくるので, 湯浴上で6時間程度加熱したのちに, 冷却してろ過する. 水, 次いでエタノールで洗浄, 風乾したのち, さらに120℃で3日間乾燥する. これにより無水の炭酸塩が得られる. この方法は, 均一に溶解しているトリクロロ酢酸塩の加水分解なので, 沈殿試薬をその時どきに応じて用いる必要がなく, アルカリイオンなどの混入を防ぐことができる.

3.6 有機酸塩(酢酸塩, アミンポリカルボン酸錯体)の合成

酢酸塩〔R(CH$_3$COO)$_3$〕は酸化物を希酢酸に溶解し, 蒸発乾固して, 粗な塩を得る. 次いでこれを純水中にて再結晶化する. 一水和物などの水和物が得られるが, 原子番号62番のサマリウムから72番のルテチウム(Lu)塩では, 加熱乾燥で無水物を生成する.

EDTA(エチレンジアミン四酢酸, ethylenediaminetetraacetic acid)などのアミンポリカルボン酸錯体も, 上記酢酸塩と同様にして得られる. 水に加熱溶解したアミンカルボン酸溶液に, 希土類酸化物を当量よりやや過剰にな

るように加えて，数時間煮沸したのちに冷却し，ろ過する．母液を濃縮し，結晶を析出させる．この晶出物を取りだし，再結晶化する．次いで，水，エタノール，アセトンで洗浄したのち，乾燥して保存する．

3.7 アルコキシド（イットリウム イソプロポキシド）の合成

金属イットリウム片を2-プロパノールのトルエン溶液に投入し，80℃で還流，次いで，触媒として$HgCl_2 : Hg(OAc)_2 = 1 : 1$を加えて，さらに36〜48時間還流を続ける．

$$Y + {}^iPrOH \xrightarrow{HgCl_2} Y(O^iPrOH)$$

温度が高い間にろ過して室温まで冷やすと，イットリウム イソプロポキシド$[Y_5(O^iPrOH)_{13}]$が析出してくる．

3.8 有機金属化合物（シクロペンタジエニル化合物）の合成

シクロペンタジエニル化合物$[R(C_2H_5)_3]$は空気中で酸化分解するので，合成および諸測定は，真空中あるいは不活性雰囲気中で行う．ユウロピウム，プロメチウム(Pm)を除く，スカンジウム(Sc)からルテチウムの全希土類元素について，次の反応で，THF溶液を溶媒として不活性雰囲気中で合成されている．すなわち，無水塩化物をナトリウムシクロペンタジエニル$[Na(C_5H_5)]$のTHF溶液と混合，撹拌しながら2〜4時間還流する．減圧下で溶媒を除去したのち，得られた残渣を昇華装置で昇華して化合物を得る．得られた化合物はガラス管中に封管して保存する．

$$RCl_3 + 3NaC_5H_5 \xrightarrow{THF} R(C_5H_5)_3 + 3NaCl$$

希土類有機金属化合物は，一般に水分や酸素に対して活性なので，その取

り扱いには特別な注意が必要である．

3.9 金属精錬

(a) 希土類フッ化物のカルシウム還元

サマリウム，ユウロピウム，ツリウム(Tm)，およびイッテルビウム(Yb)以外の希土類フッ化物(RF_3)と金属カルシウムを混合し，タンタルまたはモリブデン(Mo)るつぼに入れ，不活性気体中，900～1300℃で加熱して，粗な希土類金属とフッ化カルシウム(CaF_2)を得る．次いで，生成物を不活性気体中で各希土類金属の融点よりも高い温度に加熱して希土類金属融体を容器に流し込むと，比重の違いで，軽いCaF_2が上部に，重い金属が下部にたまり，分離できる．冷却後，固化したCaF_2をはがし取り，たまった金属は製品になる．

サマリウム，ユウロピウム，ツリウム，およびイッテルビウムの金属は，これらの二価フッ化物(RF_2)の安定性がCaF_2のそれより大きいため，カルシウム還元では製造できない．これらは，金属ランタンあるいは**ミッシュメタル(mixed metals：MM)**で還元する．たとえば，ユウロピウム製錬は，MMを還元剤にしてEu_2O_3を真空下，1400℃で還元すると，炉上部に取りつけた冷部に生成したユウロピウムが凝集する．これを回収して，再び675℃で昇華凝集させ，金属ユウロピウムを得る．

(b) 希土類酸化物の溶融塩電解

容器(るつぼ)は炭素，陽極は黒鉛管(C)，陰極はタングステン(W)を用いて，数％の希土類酸化物をLiF-BaF_2-RF_3溶融塩に溶解し，900～1100℃，9～12 V，不活性雰囲気中で電気分解する(図3.1)．溶融塩の組成は，LiFは30％，BaF_2は20％，RF_3は50％を基本とし，対象元素やその他の条件により，組成を変化させている．フッ化物は塩化物とは異なり，吸湿性がなく操業が容易である．

希土類酸化物中の希土類イオンは陰極で還元され，金属を生成するが，酸化物イオンO^{2-}は陽極で酸化され，黒鉛管と反応し，CO_2として系外にでる．

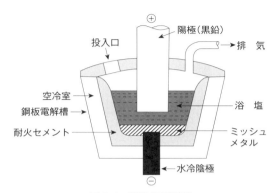

図 3.1　溶融塩電解槽

　この電気分解では，金属生成量に比例して，黒鉛管が消耗していく．よって，この反応で，希土類酸化物は陰極での電解質，フッ化物は湯浴の電気伝導を保つ役目であることがわかる．モリブデン製のサイホンあるいはポンプで生成した金属のみを外に取りだす．

　ネオジム-鉄-ホウ素($Nd_2Fe_{14}B$)磁石の母合金(Nd-Fe)の製造では，前述の湯浴に Nd_2O_3 および NdF_3 を溶解し，鉄陰極を電解槽上部に設置して，Nd 製造と同時に電極の鉄と合金化させる．得られる合金は低融点なので，合金融体はしたたり落ちる．るつぼの底にあるタングステンなどの反応性の乏しい容器で，この合金融体をうける．この溶融塩電解反応は 850〜950 ℃ で行う．鉄陰極は電解とともに消耗していくので，上から押し込むことで一定に保っている．

章 末 問 題

問 3.1　金属ユウロピウム(Eu)，および金属イッテルビウム(Yb)の沸点が，ほかの希土類金属にくらべ，きわめて低いのはなぜか．

問 3.2　Sm^{3+} を電気分解して金属サマリウムを得ることはできない．その理由を説明せよ．

参 考 文 献

● 酸化物一般
1) G.Adachi, N.Imanaka, *Chem. Rev.*, **98**, 1479(1999).
2) G.Adachi, N.Imanaka, Z.C.Kang, "Binary Rare Earth Oxides," Kluwer Academic Publishers(2004).
3) K.A.Gschneidner, Jr., L.Eyring ed., "Handbook on the Physics and Chemistry, vol.3," North-Holland(1983), p.337.
4) L.Eyring, The Binary Lanthanide Oxides ; Synthesis and Identification, G.Meyer, L.R.Morss ed., "Synthesis of Lanthanide and Actinide Compounds," Kluwer Academic Publishers (1990), p.187.
5) 塩川二朗,「希土類元素の塩」, 日本化学会 編,『新実験化学講座8 無機化合物の合成[Ⅱ]』, 丸善(1977), p.683.

● 一酸化物
6) M.W.Shafer, *J. Appl. Phys.*, **36**, 1145(1965).

● 二酸化物
7) D.Djurovie, F.Aldinger, *Solid State Ionics*, **177**, 989(2006).

● 硫化物
8) N.T.Topp 著, 塩川二朗, 足立吟也 共訳,『希土類元素の化学』, 化学同人(1974), p.121.
9) M.Guittard, J.Flahaut, Preparation of Rare Earth Sulfides and Selenides, G.Meyer, L.R.Morss ed., "Synthesis of Lanthanide and Actinide Compounds," Kluwer Academic Publishers(1990), p.321.

● ハロゲン化物
10) K.A.Gschneidner, Jr., L.Eyring ed., "Handbook on the Physics and Chemistry, vol.4," North-Holland(1984), p.89.
11) M.D.Taylor, *Chem. Rev.*, **62**, 503(1962).
12) 邑瀬邦明,「ハロゲン化物」, 足立吟也 編著,『希土類の科学』, 化学同人(1999), p.305.
13) 塩川二朗,「希土類元素の塩」, 日本化学会 編,『新実験化学講座8 無機化合物の合成[Ⅱ]』, 丸善(1977), p.683.

● ヨウ化サマリウム(SmI_2)
14) P.Girard, I.Namy, H.B.Kagan, *J. Am. Chem. Soc.*, **102**, 2693(1980).
15) 信越化学工業株式会社 公開特許, 特開平9-221320.

● 有機酸塩(酢酸塩)
16) G.Adachi, E.A.Secco, *Can. J. Chem.*, **50**, 3100(1972).

● アルコキシド
17) O.Ponceler, W.J.Sartain, L.O.Hubert-Pfalzgarat, K.Folting, K.O.Caulton, *Inorg. Chem.*,

28, 263(1989).

● トリシクロペンタジエニル錯体
18) J.M.Birmingham, G.Wilkinson, *J. Am. Chem. Soc.*, **78**, 42(1956).

● 硝酸塩
19) G.Meyer, L.R.Morss ed., "Synthesis of Lanthanide and Actinide Compounds," Kluwer Academic Publishers(1990).
20) 塩川二朗,「希土類元素の塩」, 日本化学会 編,『新実験化学講座 8　無機化合物の合成[Ⅱ]』, 丸善(1977), p.683.

● 硝酸セリウムアンモニウム
21) 木村健二郎 編集,『無機化学全書〈Ⅸ-2〉稀土類元素化合物』, 丸善(1949), p.595.

● 炭酸塩
22) (a)平島克亨,「希土類元素の塩」, 日本化学会 編,『新実験化学講座 8　無機化合物の合成[Ⅱ]』, 丸善(1977), p.694；(b) E.Suda, B.Pacaud, Y.Montardi, M.Mori, M.Ozawa, Y.Takeda, *Electrochem.*, **71**, 866(2003).
23) M.I.Saltsky, L.L.Quill, *J. Am. Chem. Soc.*, **72**, 3306(1950).

● 金　属
24) A.H.Daane, Metallothermic Preparation of Rare-Earth Metals, "F.H.Spedding, A.H.Daane ed., THE RARE EARTHS," John Wiley & Sons, Inc.(1961), p.102.
25) 大町良治, 三島良績 編,『レア・アース　新版』, 新金属協会(1989), p.135.
26) 玉村英雄,「希土類金属精錬」, 足立吟也 監修,『希土類の材料技術ハンドブック』, エヌ・ティー・エス(2008), p.664.
27) 山本和弘,「希土類金属の精錬」, 足立吟也 編著,『希土類の科学』, 化学同人(1999), p.253.

第4章

希土類化合物および
金属の構造と性質

Keyword

三二酸化物(sesquioxides)，低酸化物(lower oxides)，酸化物のA,B,C型(A，B，C types of structures of oxides)，蛍石型構造(fluorite type structures)，生成ギブズエネルギー(Gibbs free energy of formation)，硫化物の構造(structures of sulfides)，ハロゲン化物の構造(structures of halides)，EDTA(ethylenediaminetetraacetic acid)，有機金属(organometallic compounds)，ペンタジエニル錯体の分子構造(molecular structure of cyclopentadienyl complexes)，金属の結晶構造(crystal structure of metals)，RKKY相互作用(the RKKY interaction)

この章では，材料合成の出発物質あるいは身近な材料として，重要ないくつかの酸化物，複合酸化物，硫化物，ハロゲン化物，錯体，有機金属化合物，および金属の構造と性質について学ぶ．

4.1 酸化物の構造と性質

酸化物は，すべての希土類材料および金属製造の出発物質である．これは化学的にも安定で，取り扱いや保存も容易である．また，酸化物は希土類イオンと酸素とのイオン結合で成り立っている．

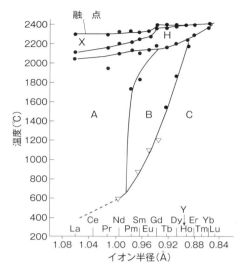

図 4.1 三二酸化物の多形変化

J.P.Coutures, R.Verges, M.Foex, *Rev. Int. Hautes Temp. Refract.*, **12**, 181 (1976).
横軸のイオン半径は，R. D. Shannon〔*Acta cryst.*, **A32**, 751 (1976)〕の 6 配位の値に近い値を採用している．

4.1.1 酸化物の構造
(a) 三二酸化物(R_2O_3)

この組成の酸化物は，2000 ℃ 付近までは A 型，B 型，C 型の 3 種類，2000 ℃ 以上では H，X 型の 2 種類の構造が知られている (図 4.1).

A 型は六方晶系($P32/m$)で，希土類イオンは 7 個の酸素に囲まれている (7 配位)〔図 4.2(a)〕．B 型は A 型がひずんだ単斜晶系($C2/m$)で，希土類イオンは 6 ないし 7 配位をとる〔図 4.2(b)〕．C 型は立方晶($Ia3$)で，希土類イオンは 6 配位をとる〔図 4.2(c)〕．H 型は六方晶系($P6_3/mmc$)〔図 4.2(d)〕，X 型は立方晶系($Im3m$)である．これらのなかでも，C 型にふれる機会は多い．この構造は，二酸化物(RO_2)がとる蛍石型構造から図 4.3 のように一部の酸素イオンを取り除くと得られる．また，この C 型構造は α-Mn_2O_3 型ともよばれている．

56　第4章　希土類化合物および金属の構造と性質

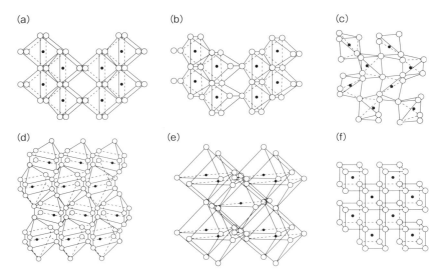

図 4.2　A 型 R_2O_3 の結晶構造(a)，B 型 R_2O_3 の結晶構造(b)，C 型 R_2O_3 の結晶構造(c)，H 型 R_2O_3 の結晶構造(d)，X 型 R_2O_3 の結晶構造(e)，蛍石型 RO_2 の結晶構造(f)

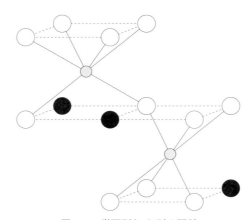

図 4.3　蛍石型とC型の関係

蛍石型構造から各単位胞中の黒丸で表した酸素イオン(O^{2-})を除去すれば，C 型 R_2O_3 の結晶格子ができあがる．単位胞中心は灰色丸(R^{3+})，白丸は酸化物イオンを表す．

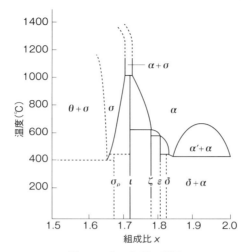

図 4.4 Ce-O 系の相図

横軸は CeO_x の x の値. 図中のギリシャ文字はそれぞれ異なる相を示している. α：蛍石型.
L.Eyring, The binary rare earth oxides, K.A.Gschneidner, Jr., L.Eyring eds., "Handbook on the physics and Chemistry of Rare earths," North-Holland(1979), p.337.

(b) 二酸化物(RO₂)

この組成をもつ酸化物はセリウム(Ce)，プラセオジム(Pr)，およびテルビウム(Tb)系にみられる．結晶構造は蛍石型立方晶〔$C1$, $Fm3m$, 図 4.2(f)〕で，この構造から規則正しく酸素イオンを 4 分の 1 だけ除去すると，前述の三二酸化物となる．図 4.4 に Ce-O 系にて生成する酸化物の相図をあげる．図中のギリシャ文字は，それぞれ異なる相の存在を示している．ここでの α 相が蛍石型構造である．

(c) 一酸化物(RO)

この組成をもつ酸化物で存在が確実で，常温で安定なのは EuO のみで，この結晶構造は NaCl 型立方構造($B1$, $Fm3m$)である．Eu_3O_4 の組成をもつ化合物(Eu^{2+}，Eu^{3+} が共存)も存在するが，この結晶構造は斜方晶系($Pnam$)である．図 4.5 に Eu-O 系の相図を示す．

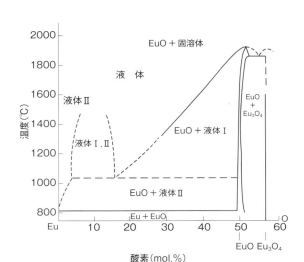

図 4.5 Eu-O 系の相図

M.W.Shafer, J.B.Torrance, T.Penny, *J. Phys. Chem. Solids*, **33**, 2251(1972).

4.1.2 酸化物の性質

　希土類酸化物は，三二酸化物，二酸化物，一酸化物のいずれも構成元素のイオン結合のみで成り立っていると思われる．三二酸化物は容易に入手できるので，ハロゲン化物と並んで多くの化合物合成の出発物質となっている．また，比較的"すき間"の多い結晶構造なので，反応性が高い．

　図4.6は酸化物の生成ギブズエネルギーを示したものであり，生成物中の酸素数が2個となるよう換算されている．Al_2O_3 および CaO の値もあげているので比較してほしい．希土類酸化物では，全体として近接した値をもっているが，ランタン(La)からガドリニウム(Gd)と，ジスプロジウム(Dy)からルテチウム(Lu)(いずれも C 型構造対象)の2群に分かれている．Yb_2O_3 は前半のグループに入っているが，これは出発物質である金属イッテルビウム(Yb)のイオン価がほかの金属とは違い，＋2価となっているためと考えられる．ここでは煩雑さを避けるために明示していないが，Eu_2O_3 でも同様に，

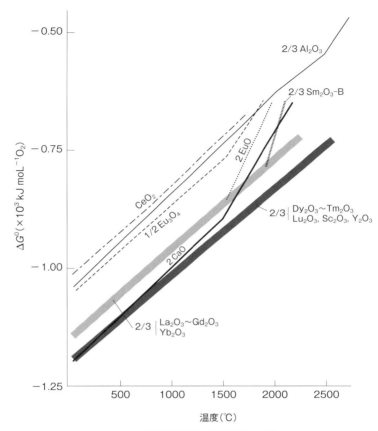

図4.6 酸化物の生成ギブズエネルギー

生成物中の酸素を O_2(酸素原子数2個)として換算した値を示している.
L.Eyring, The binary rare earth oxides, K.A.Gschneidner, Jr., L.Eyring eds, "Handbook on the physics and chemistry of rare earths," Norh-Holland(1979), p.367, fig 27.14 を一部改変.

原子番号から推定される値とは異なる傾向,すなわち Al_2O_3 に近い値を示す.

酸化物の格子エネルギー(計算値)は,全17元素の三二酸化物において,La_2O_3 が 1.25×10^4 kJ mol^{-1} と最少,Lu_2O_3 が 1.37×10^4 kJ mol^{-1} と最大なので,イオン半径が大きいほどこの値は小さくなっている.これは,希土類イオンと酸化物イオンとのクーロン引力を考えると当然の結果である.これ

らの値は同型の Mn_2O_3 の 1.51×10^4 kJ mol^{-1} より10%強小さい．CeO_2 では 0.963×10^4 kJ mol^{-1} とずいぶん小さくなるが，これは結晶構造が異なるからである．Al_2O_3 も結晶構造が異なるが，こちらは 1.59×10^4 kJ mol^{-1} と大きい．また，融点も格子エネルギーと相関関係があり，最も低いのは La_2O_3 の 2305 K，最も高いのは Lu_2O_3 の 2490 K である．CeO_2 は 2400 K と報告されている．

希土類酸化物は，そのバンドギャップの値が室温では4.4〜5.5 eVで，電子伝導に関しては，ダイヤモンドと同程度の絶縁体である．ただし，1000℃以上の高温下では，この酸化物は置かれている雰囲気中の酸素分圧により，半導体的な性質を示す．たとえば，Y_2O_3 では，高酸素分圧下では正孔を生じてp型，10^{-6} Pa 以下ではn型の半導体となる．すなわち高温高酸素分圧下では，雰囲気中の酸素は結晶中に侵入して格子の酸化物イオン（O^{2-}），イットリウム（Y）の空孔，および正孔をつくりだしてp型に，低酸素分圧下では，格子の酸化物イオンは電子を格子中に残して酸素分子として離脱するのでn型となる．一般に，金属酸化物中の酸化物イオンは，高温下ではたえず雰囲気中の酸素分子と入れ替わっている，一種の"動的平衡状態"にあると考えてよい．

p型：3/4 O_2（気体） $\rightleftarrows$ [3/2 O^{2-}] + [1個のYの空孔]
　　　　　　　　　　　　　　　+ [3個の正孔（+1価）]

n型：[3/2 O^{2-}] $\rightleftarrows$ 3/4 O_2（気体） + [3個の電子（-1価）]

　　[ ]は格子中に存在していることを示す．

希土類イオン（周期表の第3族）は，アルカリ土類イオン（第2族）と化学的性質が似ており，希土類酸化物は塩基性酸化物である．よって，希土類三二酸化物は，有機酸を含むほとんどの酸水溶液に容易に溶解し，それぞれの酸の塩を生成する．二酸化セリウム（CeO_2）ではこれらの酸に対し安定であるが，酸の共存下で加熱すると，過酸化水素（H_2O_2）などの還元性反応剤に溶解する．

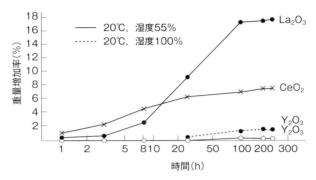

図 4.7　酸化物の吸湿性

　希土類酸化物の化学的性質は，おおむね相互に類似していると考えてもよいが，詳しく見ると相違点も多い．たとえば，水蒸気(湿度)との相互作用があげられる．

　図 4.7 は，La_2O_3，CeO_2，および Y_2O_3 を水蒸気中に放置した場合の重量変化を測定した結果である．イオン半径の小さい Y^{3+} の Y_2O_3 はほとんど吸湿しないのに対し，大きい La^{3+} の La_2O_3 では，100時間で16%の重量増加を示す．すなわち，吸湿により $La(OH)_3$ にまで変化している．CeO_2 は中間の様相である．

✓ Check　格子エネルギー

結晶の凝集エネルギー，すなわち 0 K で結晶を，その構成要素(原子，分子，イオン)に分解するのに要するエネルギー．希土類酸化物は，おもに R^{3+} と O^{2-} のイオン結合で形成されているので，両イオンのクーロン引力(静電引力)が格子エネルギーのほとんどを占める．この値に，両イオンが接触した時の斥力(反発力)，ファンデルワールス力を補正項として加える．

第4章 希土類化合物および金属の構造と性質

> ✅ **Check** バンドギャップ
>
> 固体において，**価電子帯**（化学結合に固定されて，動けない電子が存在しているエネルギー領域）と**伝導帯**（自由に動ける伝導電子が存在できるエネルギー領域）との間にある電子が存在できないエネルギー領域．この値が大きいほど絶縁性（電気抵抗率）は大きい．また，禁制帯幅ともよばれる．自由電子をもたない固体が電子伝導できるためには，伝導する電子が価電子帯からこのバンドギャップを飛び越えて，伝導帯に移らなければならない．よって，この幅が大きい（飛び越えられない）ものは絶縁体，小さいものは半導体，"ゼロ"のものは金属である．たとえば，Al_2O_3：8 eV，ダイヤモンド：5 eV，シリコン：1.1 eV である．また，eV は電子ボルトとよばれ，エネルギーの単位の一つである．（1 eV ＝ 1.6022×10^{-19} J ＝ 96.5 kJ mol^{-1}）
>
> 足立吟也，南 努 編著，『現代無機材料科学』，化学同人(2007)，p.21．

> ✅ **Check** 塩基性酸化物
>
> 酸化物イオン（O^{2-}）を受容する酸化物を"酸"，酸化物イオンを供与する酸化物を"塩基"とする（**ラックス・フレッドの定義**）．
>
> $CaO（塩基） + SiO_2（酸） \longrightarrow Ca^{2+} + SiO_3^{2-} \longrightarrow CaSiO_3（塩）$
>
> 酸化物中の電子対の授受を考慮すれば，ルイスの定義と同じである．

4.2 硫化物の構造と性質

4.2.1 硫化物の構造

希土類硫化物，希土類セレン化物および希土類テルル化物などのカルコゲン化合物には同じ組成でも多くの結晶構造が存在する．ここでは希土類硫化物について学ぶ．

(a) 三二硫化物（R_2S_3）

この組成の硫化物には α，β，γ，δ，ε，ζ の6種の構造があり，このう

ちのα構造はランタンからジスプロジウムに現れる構造である(図4.8). また, α構造は斜方晶系(空間群: $Pnma$)に属し, このなかの希土類イオンは7配位と8配位の2種の位置に座している.

(b) 二硫化物(RS_2)

この組成の硫化物にはいくつかの構造があるが, そのうちの一つ, NdS_2 は正方晶系(空間群: $P/4nmm$, 図4.9)で, 逆 Fe_2As 型(陽イオンと陰イオンの数が NdS_2 と逆)ともよばれている. 希土類イオンは9配位をとる.

(c) 一硫化物(RS)

硫化物のみならず, ほかのカルコゲン化合物も結合比1:1ならば NaCl 型構造(空間群: $Fm3m$)をとる. 図4.10には希土類カルコゲン化合物の格子定数を示している. この値はサマリウム(Sm), ユウロピウム(Eu), ツリウム(Tm), およびイッテルビウムでは, ランタニド収縮の傾向からずれ, 大きくなっている. これは, これらのカルコゲン化合物中の希土類イオンは+2価になっていて, イオン半径が+3価の場合よりも大きくなっているからである.

4.2.2 硫化物の性質

三二硫化物(R_2S_3)は絶縁体あるいは半導体的性質を示す. 一硫化物(RS)

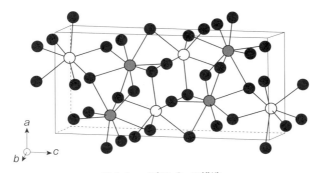

図4.8 α型 R_2S_3 の構造

R^{3+} イオンには7配位(白丸)と8配位(灰丸)の二種がある. S^{2-} イオンは黒丸で示している (作図: 新潟大学 佐藤峰夫教授).

第4章　希土類化合物および金属の構造と性質

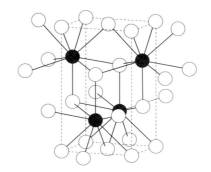

図 4.9　RS$_2$ の結晶構造

黒丸は R, 白丸は S. R は 9 配位をとっている.

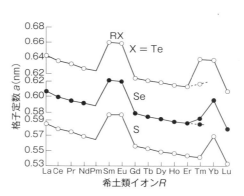

図 4.10　NaCl 型 RS の格子定数

のうち, Sm^{2+}, Eu^{2+} および Yb^{2+} は絶縁体あるいは半導体的であるが, その他の一硫化物では金属的な性質をもつ.

SmS では, Sm^{2+} の $4f^6$ の電子の一個が容易に 5d 伝導帯に励起されるので, $Sm^{2+} \rightarrow Sm^{3+}$ の原子価変化が起こり, $Sm^{2+} + Sm^{3+}$ の混合原子価状態となる. この変化は, SmS（暗褐色）に圧力をかけても起こり, そのときに圧力下で生じた伝導電子によって"金色"に輝く. すなわち, 圧力による半導体-金属相転移の一例である. 図 4.11 は SmS に対する圧力と電気抵抗率の関係を示している. 7 気圧で Sm イオンは +2 価から +2.7 価まで変化して電子

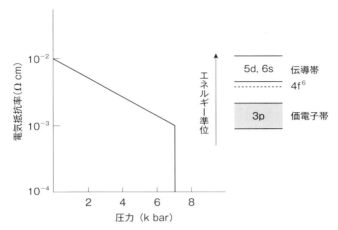

図 4.11　SmS のバンド図と圧力―電気抵抗率の関係
Sm^{2+} の 5d, 6s 軌道が伝導帯を, S^{2-} の 3p 軌道が価電子帯を形成し, Sm^{2+} の $4f^6$ 電子の準位は伝導帯のすぐ下にあり, 伝導帯に容易にのぼることができる.

を伝導帯に放出するので, 電気抵抗率が急減して金属相へ転移する.

図 4.11 には SmS のバンド図も示してある. 硫黄 (S) の 3p 軌道が価電子帯を形成していて電子は充満している. また伝導帯は, Sm^{2+} の 5d および 6s 軌道でできている. $4f^6$ 軌道のエネルギー準位は伝導帯のすぐ下にあって, 圧力で伝導帯の準位が下がることで, Sm^{2+} の $4f^6$ の電子の準位と重なる. すなわち, 伝導帯に電子が入り金属相になる.

4.3　ハロゲン化物の構造と性質

希土類ハロゲン化物は, 金属精錬のほか, 有機金属化合物の出発物質としても重要である.

4.3.1　ハロゲン化物の構造
(a)　三フッ化物 (RF_3)

図 4.12 に各元素の三フッ化物 (RF_3) の構造とその安定領域を示す. この

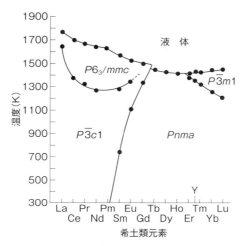

図 4.12 希土類三フッ化物の安定領域

O.Greis, M.S.R.Cader, *Thermochim. Acta*, **87**, 145 (1985).

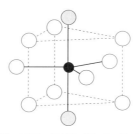

図 4.13 三フッ化ランタン LaF$_3$ の構造

黒丸が La^{3+} イオン．灰色丸で示したフッ化物イオンは，ほかのフッ化物イオンよりも遠距離にあって動きやすい．
足立吟也 監修，『希土類とアクチノイドの化学』，丸善 (2008)，p.36. Sm 〜 Lu および Y の三フッ化物については，A.Zalin, D.H.Templton, *J.Am.Chem.Soc.* **75**, 2543 (1953).

うち，ランタンからプロメチウムまでの三フッ化物中の希土類イオンのまわりのフッ化物イオン（F$^-$）の配位は図 4.13 のようになっており，LaF$_3$ 型構造〔チソナイト (tysonite) 構造〕とよばれ，希土類イオンは 11 配位をとっている．サマリウムからルテチウム，およびイットリウムでは YF$_3$ 型構造を

4.3 ハロゲン化物の構造と性質　67

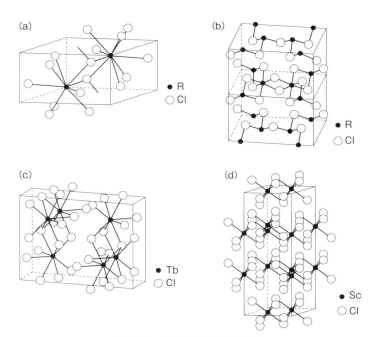

図 4.14　希土類三塩化物の構造

(a) La ～ Gd の三塩化物（UCl$_3$ 型構造），(b) Dy ～ Lu，および Y の三塩化物（YCl$_3$ 型構造），(c) TbCl$_3$（PuBr$_3$ 型構造），(d) ScCl$_3$（PuBr$_3$ 型構造）．
大木道則，田中元治，大沢利昭，千原秀昭 編，『化学大辞典』，東京化学同人 (1989)．(a) p.312．(c) p.2409，(d) p.2413.

とる．

(b)　三塩化物（RCl$_3$）

希土類イオンがランタンからガドリニウムでは 9 配位の UCl$_3$ 型構造〔空間群：$P6_3/m$，図 4.14(a)〕を，ジスプロジウムからルテチウム，およびイットリウムでは 6 配位の YCl$_3$ 型構造〔空間群：$C2/m$，図 4.14(b)〕を，テルビウムでは 8 配位の PuBr$_3$ 型構造〔空間群：$Cmcm$，図 4.14(c)〕を示す．ScCl$_3$ は BiI$_3$ 型構造〔$R\bar{3}$，図 4.14(d)〕である．

(c)　二ヨウ化物（RI$_2$）

有機合成でよく用いられる SmI$_2$ は EuI$_2$ 型構造（空間群：$P2_1/c$，図 4.15）

の緑色結晶である．

4.3.2 ハロゲン化物の性質

希土類イオンはすべて三ハロゲン化物を形成するが，このほかにもセリウム，プラセオジムおよびテルビウムは四フッ化物を，サマリウムおよびユウロピウムは二ハロゲン化物も形成する．

(a) 希土類三フッ化物

三フッ化物は水や希薄な鉱酸には難溶であるが，ほかの三ハロゲン化物は易溶である．また，溶解度はイオン半径の減少につれて大きくなる．

イオン半径が小さくなると，格子エネルギーが大きくなり，化合物は堅固になっていくので，溶解しにくくなるはずであるが，その一方で，各イオンの水和エネルギーも大きくなる．すなわち，溶解のしやすさは格子エネルギーと水和エネルギーの大小関係で決まる．結局，水和エネルギーの効果がまさり，イオン半径の小さな重希土のハロゲン化物の溶解度が大きくなると考えられる．

チソナイト構造をもつ LaF_3 は，La^{3+} にしっかり固定されたもののほかに，やや緩やかに結合した F^- が存在する（図 4.13）．この F^- は電圧印加下でそれほど高温でなくても容易に移動して，良好なイオン伝導を示す．

YF_3 型構造のフッ化物も，融点よりも低温でやはりイオン伝導するので，陰イオン副格子は，早くから構造が乱れ，液体に近い状態になっていると思われる．一方，希土類陽イオンは，もちろん融点まではしっかりと固体構造を保持している．

(b) 三塩化物

この化合物はその合成が比較的容易で，水に対する溶解度が大きく，また，一方では無水物も得やすいことなどから，化合物合成の出発物質としてよく用いられている．硝酸塩はもちろんハロゲン化物ではないが，同様な理由から，やはり合成出発物質として多用されている．

(c) 二ハロゲン化物

SmI_2 は有機合成反応における一電子還元剤として，頻繁に用いられてい

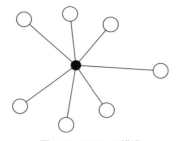

図 4.15 EuI$_2$ の構造
黒丸は Eu, 白丸は I. Eu は 7 配位, 結晶の空間群は $P2_1/c$.
M.Krings, M.Wessel, R.Dronskowski, *Acta Criyst.*, **C65**, i66(2009).

る．SmI$_2$ がこの目的で用いられるのは，標準酸化還元電位が Sm^{3+}/Sm^{2+} では約 1.55 V と大きいのに対し，対応する YbI$_2$ や EuI$_2$ はそれぞれ 1.05 V, 0.35 V と小さく，1.3〜2 V 程度の還元電位を有する通常の有機官能基を還元するにはパワー不足だからである．

SmI$_2$ は THF(テトラヒドロフラン)には，0.1 mol L^{-1} 程度溶解し，濃青色を示す．水にも溶解して暗赤色溶液になるが，安定ではない．Sm^{2+} は酸化されて Sm^{3+} になると無色または薄黄色を呈する．SmI$_2$ と EuI$_2$ は同じ構造である(図 4.15).

4.4 希土類-EDTA 錯体

希土類イオンと EDTA(ethylenediaminetetraacetic acid)との錯体は，イオン交換法で相互分離が行われた際の最も重要な錯体であった．現在では，その類縁配位子である DTPA(diethylenetriaminepentaacetic acid)との錯体が，MRI 造影剤として多く用いられている．

$$\begin{array}{c} \text{HOOCH}_2\text{C} \diagdown \quad \diagup \text{CH}_2\text{COOH} \\ \text{NCH}_2\text{CH}_2\text{N} \\ \text{HOOCH}_2\text{C} \diagup \quad \diagdown \text{CH}_2\text{COOH} \end{array}$$
EDTA

EDTA は四塩基酸で,＋3 価の希土類イオンと静電結合にもとづく安定な錯体を形成できる．その安定度定数（対数表示）は 15.08（La^{3+}）〜 19.52（Lu^{3+}）と大きな値を示し，希土類イオン間の差もかなりある．この差の大きいことがイオン交換分離法に用いられた理由である．

安定度定数が大きいことは，容易に解離せず，高い水溶性を保つことができることを意味するので，Gd^{3+}DTPA 錯体は，安全性の高い MRI 造影剤である．

図 4.16 は Er^{3+}EDTA 錯体（Er^{3+}EDTA・$3H_2O$）の分子構造である．中央のエルビウムイオンには，配位子として，2 個の窒素，四つのカルボキシ基それぞれに含まれる 1 個の酸素，および三つの水分子それぞれに含まれる 1 個の酸素，合計 9 個の原子が配位している．

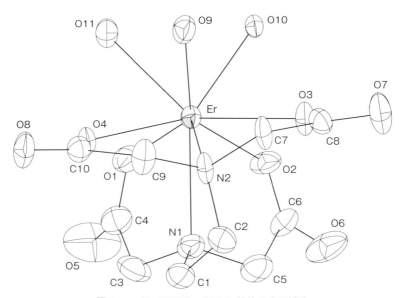

図 4.16　Er-EDTA・$3H_2O$ 錯体の分子構造

N.Sakagami, K.Okamoto et al., *Inorg. Chim. Acta*, **288**, 7(1999).

4.5 ビス(ペンタメチルシクロペンタジエニル)サマリウム(Ⅱ)錯体

ビス(ペンタメチルシクロペンタジエニル)サマリウム(Ⅱ)錯体の分子構造は，2個のシクロペンタジエニル環はフェロセンのようなサンドイッチ型の平行な配位ではなく，片方が開いている(図4.17)．この開いたほうは，ほかの分子が配位できる余地があるので，触媒として大きな可能性がある．すでに高分子の重合反応で，規則性の高い，分子量のそろったメチルメタクリレートが得られている．

シクロペンタジエニル環($C_5Me_5^-$)とSm^{2+}は，1個の環について見れば，1本のσ結合と2本のπ結合で結合していると考えられる．

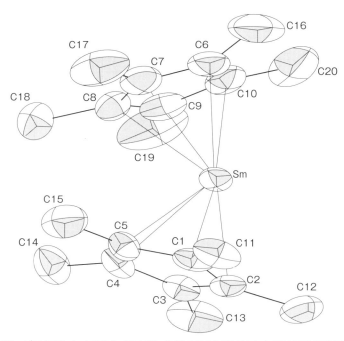

図4.17 ビス(ペンタメチルシクロペンタジエニル)サマリウム(Ⅱ)錯体の分子構造
W.J.Evans, L.A.Hughes, T.P.Hanusa, *J. Am. Chem. Soc.*, **106**, 4270(1984).

4.6 希土類金属の構造と性質

4.6.1 希土類金属の結晶構造

サマリウム,ユウロピウム以外の軽希土は複六方最密構造〔図4.18(d)〕,サマリウムは菱面体構造〔図4.18(e)〕,ユウロピウムは体心立方構造〔図4.18(b)〕,イッテルビウムを除く重希土では六方最密構造〔図4.18(c)〕,イッテルビウムは面心立方構造〔図4.18(a)〕である.ただし,温度によって相転移を示すことがある.

ほとんどの希土類金属は3価金属($R^{3+} + 3e^-$)であるのに対し,ユウロピウムとイッテルビウムは2価金属($R^{2+} + 2e^-$)で,その電子配置はそれぞれf^7s^2と$f^{14}s^2$と考えられる.一方,電子構造(バンド)の計算もなされていて,

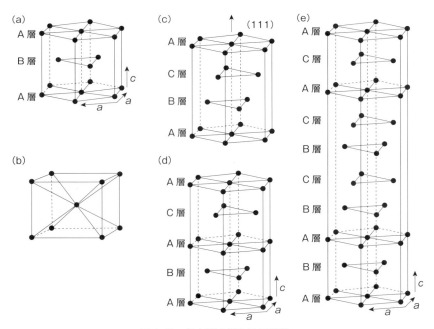

図4.18 希土類金属の結晶構造

(a)面心立方構造,(b)体心立方構造,(c)六方最密構造,(d)複六方最密構造,(e)菱面体構造.
巻野勇喜雄,「希土類金属」,足立吟也 編著,『希土類の科学』,化学同人(1999),p.225.

これら二つの金属でもわずかな 5d 電子の寄与を示唆しているが，ここでは詳しくは述べない．

4.6.2 希土類金属の性質

希土類金属の融点，融解熱〔図 4.19(a, b)〕，および沸点(図 4.20)を示しておいた．図 4.19(a)の融点曲線より，ユウロピウムとイッテルビウムの値が極端に小さいことがわかる．これは先に述べたように，2 価金属ではイオン半径が大きく，格子エネルギーがほかの金属にくらべて小さいからである．また，融解熱の傾向はもっと複雑である〔図 4.19(b)〕．これは，融点付近に存在する相転移が複雑であることの反映と考えられる．

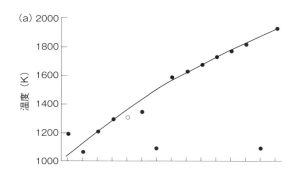

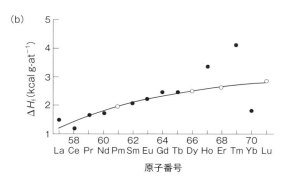

図 4.19 希土類金属の融点(a)と融解熱(b)

巻野勇喜雄,「希土類金属」, 足立吟也 編著,『希土類の科学』, 化学同人(1999), p.236.

図 4.20 の沸点は実測値ではない.希土類金属の沸点はいまのところ測定されていない.蒸発のエントロピーを 3 価金属では 22.3 e.u.(エントロピー単位), 2 価金属では 18.1 e.u. として,計算からもとめたものである.ユウロピウムとイッテルビウムの値が小さいのは 2 価金属であるため,またセリウムとテルビウムで大きいのは,4 価イオンが少し混じっているためと考えられる(混合原子価状態).

希土類金属の電気抵抗率は,30 〜 140 μΩ cm と通常の金属よりもかなり大きく,モリブデン(Mo)やタングステン(W)に近い.これは,伝導電子の質量が通常よりも"重く"なっていて,動きにくくなるためである.伝導電子の質量が重くなるのは,内部にあるはずの 4f 軌道電子が少し外部にしみだして,伝導している s 電子や d 電子と相互作用するためと考えられている.イメージとしては,伝導電子の"粒"に 4f 軌道電子の"ひも"がついていて,この"ひも"が内部にある 4f 軌道にも拘束されているので,動きにくくなっていると思っていただきたい.

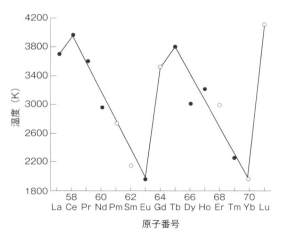

図 4.20 希土類金属の沸点

巻野勇喜雄,「希土類金属」,足立吟也 編著,『希土類の科学』,化学同人(1999),p.237.

4.6 希土類金属の構造と性質

　希土類金属の磁気的性質も興味深い(8.2.1項および図8.1参照). この金属の磁気モーメントのほとんどは"不対"の4f軌道電子が担っている. したがって, もともと4f軌道電子をもたないスカンジウム(Sc), イットリウム, およびランタンや, 4f軌道電子が存在してもすべて"対"になっているイッテルビウム(Yb^{2+}, $4f^{14}$)およびルテチウムも非磁性である. ガドリニウムはキュリー点が289 K(16℃)の単純な強磁性体であるが, ほかのランタニド金属は複雑な磁気構造をもっている. たとえば, テルビウムは215 K以下では強磁性体であるが, 215～230 Kまでの間は"らせん磁性"を示す. またユウロピウム, ジスプロシウム, ホルミウム(Ho), エルビウム(Er)なども, らせん磁性を示す温度領域がある.

　このように強磁性であれ, らせん磁性であれ, 規則性のある磁気構造をもつためには, 隣の原子の4f軌道電子の磁気モーメントが, どの方向を向いているかわからなければならない. しかし, 4f軌道電子はその外側を$5s^25p^6$の電子雲に囲まれて, 孤立している. この孤立した4f軌道電子は, どのようにして隣の原子の4f軌道電子の磁気モーメントの"向き"を知ることができるのだろうか.

　図2.2の4f, 5s, 5pおよび6s軌道の位置をもう一度見てみよう. 4f軌道の"大部分"は"内部"にあって原子核に強く拘束されているが, それでも"裾"のほうは外へ少ししみだしていて, 6s軌道と重なっている. また, 6s軌道はs電子であるから, 原子核近くまで存在確率がある. よって, "内部にあるはず"の4f軌道電子でも, 6s軌道由来の伝導電子と充分相互作用が可能である. この"f-s相互作用"で, ある原子の4f軌道電子の磁気モーメントの"向き"が隣の原子の4f軌道電子に伝えられ, その磁気モーメントが隣の原子のそれとそろう. すなわち, 伝導電子が情報を伝達しているのである. この相互作用を, このモデルを提唱したM.A.Ruderman, C.Kittel, T.Kasuya, K.Yoshidaの頭文字をとって, **RKKY相互作用**とよんでいる.

章 末 問 題

問 4.1 重希土の塩化物の水への溶解度は，軽希土の塩化物のそれより大きい．その理由を説明せよ．

問 4.2 酸化セリウム（CeO_2）は酸化反応の優れた触媒である．その理由を説明せよ．

参 考 文 献

● 酸化物
1) (a) A.F.Wells, "Structural Inorganic Chemistry, Fifth edition," Oxford Science Publications (1984), p.545 ; (b) 中平光興 著，『結晶化学』，講談社(1973), p.128.
2) E.Schweda, Z.C.Kang, Structural features of rare earth oxides, G.Adachi, N.Imanaka, Z.C.Kang eds., "Binary Rare Earth Oxides", Kluwer Academic Publisher(2004), p.57.
3) 今中信人，「希土類の化合物」，足立吟也 編著，『希土類の科学』，化学同人(1999), p.270.
4) H.D.B.Jenkins, Lattice energies, D.R.Lide, ed. -in-chief, "CRC Handbook of Chemistry and Physics, 79th edition," CRC Press (1998-1999), chap.12-29.
5) L.Eyring, The binary rare earth oxides, K.A.Gschneidner, Jr., L.Eyring eds., "Handbook on the Physics and Chemistry of Rare earths," North-Holland(1979), p.337.
6) L.Eyring, The binary lanthanide oxides : Synthesis and Identification, "Synthesis of Lanthanide and Actinide Compounds," Kluwer Academic Publishers(1991), p.187.

● 硫化物
7) J.W.Arblaster, Selected Values of the Thermodynamic Properties of Scandium, Yttrium, and the Lanthanide Elements, J.-C.G.Bunzli, V.K.Pecharsky eds., "Handbook on the Physics and Chemistry of Rare earths, Volume 43," North-Holland(2012), p.258.
8) 佐藤峰夫，「希土類の化合物」，足立吟也 編著，『希土類の科学』，化学同人(1999), p.398.

● ハロゲン化物
9) 邑瀬邦明，「希土類の化合物」，足立吟也 編著，『希土類の科学』，化学同人(1999), p.305.

● 二ヨウ化物
10) H.B.Kagan, J.-L.Namy, Influence of solvents or additives on the organic chemistry mediated by diiodosamarium, S.Kobayashi ed., "Lanthanides : Chemistry and use in organic synthesis," Springer(1999), p.155.

● エルビウム EDTA 錯体
11) N.Sakagami, Y.Yamada, T.Konno, K.Okamoto, *Inorg. Chim. Acta*, **288**, 7(1999).

● サマリウムビス（ペンタメチルシクロペンタジエニル）錯体
12) W.J.Evans, L.A.Hughes, T.P.Hanusa, *J. Am. Chem. Soc.*, **106**, 4270(1984).

● 金　属
13) 巻野勇喜雄,「希土類金属」, 足立吟也 編著,『希土類の科学』, 化学同人(1999), p.225.
14) 玉村英雄,「希土類金属精錬」, 足立吟也 監修,『希土類の材料技術ハンドブック』, エヌ・ティー・エス(2008), p.664.
15) 山本和弘,「希土類金属の精錬」, 足立吟也 編著,『希土類の科学』, 化学同人(1999), p.253.

第5章

希土類の鉱石と資源

> **Keyword**
>
> **モナザイト(モナズ石;monazite)**,**ゼノタイム(xenotime)**,**バストネサイト (bastnäsite)**,**イオン吸着鉱(weathering crust rare earth deposits, ion-absorption ores)**,**採掘量(output)**,**埋蔵量(reserve)**,**バランス産業(an industry under an uneven balance between supply and demand)**

鉱石のなかで,希土類イオンはおもに+3価,セリウムイオンは+4価として存在している.このイオン群の化学的性質が互いに酷似しているので,ある希土類が単独で存在している鉱石は皆無といってよい.

希土類鉱石の成因はさまざまあり,次の四つに分けられる.

①噴きだしたマグマが地上で固化したもの.
②地下で 150〜600℃の高温水(熱水)に溶解したのち,析出したもの.
③いったん固化あるいは析出したのち,風化作用で溶解し,再び粘土などに吸着されたもの.
④風化作用で流れ去った残りの残留物.

①の例は**バストネサイト(bastnäsite)**,②は**モナザイト(モナズ石;monazite)**,**ゼノタイム(xenotime)**,およびバストネサイト,③はイオン

吸着鉱,④はゼノタイムおよびモナザイトが属している.

5.1 希土類の鉱石

現在知られている希土類含有鉱石は170種以上あるが,このうち資源として利用されているおもなものは次の4種である(表5.1).

モナザイトおよびゼノタイムは希土類リン酸塩(RPO_4),バストネサイトはフッ化炭酸塩($RFCO_3$),イオン吸着鉱は花崗岩が風化して分解した生成

表5.1 代表的な希土類鉱石の酸化物換算希土類元素含有率

酸化物	M	B	X	I
La_2O_3	21.5	33.2	1.24	1.82
CeO_2	45.8	49.1	3.13	0.37
Pr_6O_{11}	5.3	4.34	0.49	0.74
Nd_2O_3	18.6	12.0	1.59	3.00
Sm_2O_3	3.1	0.789	1.14	2.82
Eu_2O_3	0.8	0.118	0.01	0.12
Gd_2O_3	1.8	0.166	3.47	6.85
Tb_4O_7	0.29	0.0159	0.91	1.29
Dy_2O_3	0.64	0.0312	8.32	6.67
Ho_2O_3	0.12	0.0051	1.98	1.64
Er_2O_3	0.18	0.0035	6.43	4.85
Tm_2O_3	0.03	0.0009	1.12	0.70
Yb_2O_3	0.11	0.0006	6.77	2.46
Lu_2O_3	0.01	0.0001	0.99	0.36
Y_2O_3	2.5	0.0913	61.00	65.00

M:モナザイト鉱石(ノースストラドブロークアイランド,オーストラリア),B:バストネサイト鉱石(マウンテンパス,アメリカ),X:ゼノタイム鉱石(ペラ州ラハ,マレーシア),I:イオン吸着鉱(竜南,中国).鉱石と鉱物は同義ではないことに注意.たとえば,バストネサイト鉱石は純度100%のゼノタイム-(Y)とは限らない.また,CeとPrの価数がほかと異なることにも注意.(それぞれの鉱石で百分率の合計は100になっていない.一般的な鉱物の化学組成の記載法とは異なることに注意.) Tb_4O_7 は化学組成としての表示で,いくつかの組成の相の混合体である.

宮脇律郎,『希土類の科学』,足立吟也 編著,化学同人(1999),p.22.

物（ケイ酸アルミニウムなどを含んでいる一種の粘土）の表面に希土類イオンが吸着した鉱石である．この鉱石中の希土類吸着物には，現在のところ鉱物名は与えられていない．モナザイトおよびバストネサイトは軽希土に富み，ゼノタイムにはイットリウム（Y）および重希土が多く含まれている．表中のイオン鉱は，中国江西省の竜南産出のもので，ジスプロシウム（Dy）が多い．一方，同じ江西省の尋烏産出のものでは，ネオジム（Nd）が30％程度含まれており，組成が大きく異なっている．

5.2 希土類の資源

図5.1は，世界で現在採掘が行われているおもな希土類鉱山の所在を示したものである．このほかにも，南アフリカ，中央アジア，インドネシア，カナダなどで探査が進められている．ウラン鉱を処理した残渣も資源として有力で，すでにカザフスタンのステプノゴルクスでは重希土の採取を始めている．

図5.1 現在，採掘・採取が行われている希土類鉱山・ウラン採取残土からの採取地

2012年11月現在．ドンパオはベトナム国内，アラシャはブラジル国内，ステプノゴルクスはウラン残土からの採取でカザフスタン国内．

5.2 希土類の資源

アメリカのカリフォルニア州のマウンテンパス鉱床は方解石($CaCO_3$)やドロマイト〔$CaMg(CO_3)_2$〕などの炭酸塩を主成分とするカーボナタイトマグマの結晶分化の過程で，カーボナタイト中にバストネサイト(RCO_3F)が多量に晶出し，品位(鉱石中に含まれる目的の金属の含有率)8％の希土類鉱体を形成している．オーストラリアのマウントウエルド鉱床は比較的アパタイト(リン灰石)に富む鉱床で，バストネサイトにくらべると重希土に富んでいる．この鉱床はカーボナタイトが風化をうけ，炭酸塩鉱物が溶けだした結果，8％程度にまで希土類含有率が高められたものである．

マレーシア西海岸の希土鉱床は，ケイ酸塩マグマから生成した花崗岩が，地表の風化により鉱物粒に分解したのち，水流や波の作用で移動し，重砂とよばれる比重の大きい粒子が堆積したものである．希土類濃度はカーボナタイトに比べ格段に低いが，ゼノタイム(RPO_4)などの重希土の鉱石を含んでいるので注目されている．このゼノタイムが錫石やチタン鉱物，モナザイトなどとともに重砂から回収される．

中国内モンゴル自治区の白雲鄂博(バヤンオボー)は，世界最大のバストネサイトとモナザイトを含む鉱床である．当初，13.5億年前に中国大陸とシベリア大陸が分裂を開始したときに，カーボナタイトマグマが上昇して，この鉱床ができたとされていた．最近の学説では，のちに鉄(Fe)と希土類に富む熱水がドロマイトに侵入した結果とするものもある．また，中国四川省からベトナム西北部ライチャウ省にあるドンパオ鉱山にもカーボナタイト鉱床がある．これは，4千万年前から始まったインド亜大陸のユーラシア大陸への衝突により生じた断層に，カーボナタイトマグマが噴きだしたものである．それと同時にヒマラヤ山脈もせりあがった．

中国江西省の竜南と尋烏のイオン鉱は，希土類を含む花崗岩が風化をうけて希土類イオンが流れだし，**ラテライト**〔laterite，鉄やアルミニウム(Al)を含む粘土の一種〕に吸着されたものである．重希土に富むものと，ネオジムなどの軽希土に富むものがあり，もともとの花崗岩の希土類組成を反映している．現在，イオン鉱の採掘は中国南部に限られているが，ベトナム，ラオス，タイでも鉱床が発見されている．

表5.2 世界の希土類採掘量・埋蔵量

	鉱石採掘量(t)		埋蔵量(t)
	2012	2013	2013
中　国	100,000	100,000	55,000,000
CIS(独立国家共同体, おもに旧ソ連)	2,400	2,400	-
アメリカ	800	4,000	13,000,000
インド	2,900	2,900	3,100,000
オーストラリア	3,200	2,000	2,100,000
ブラジル	140	140	22,000,000
マレーシア	100	100	30,000
ベトナム	220	220	-
世界合計(概数)	110,000	110,000	140,000,000 (CIS, ベトナム, およびその他で41,000,000)

U. S. Geological Survey, Mineral Commodity Summaries, January 2014.

　表5.2は，現在知られている希土類の埋蔵量および最近の採掘量を酸化物としての重量で表している．中国の埋蔵量と生産量(採掘量)が突出して多く，世界の希土類産業を"支配"していることがわかる．

　世界の埋蔵量の約40％，採掘量の約91％は中国であり，この産業では圧倒的である．

　鉱石としては，バストネサイトが大部分で，モナザイト，イオン鉱がこれに続く．中国は，希土類磁石に必要なジスプロシウム(竜南鉱)，ネオジム(尋烏鉱)などを多く含有するイオン鉱をもち，唯一といってもよい産出国でもある．ゼノタイムの埋蔵量は少ないが，イットリウムやジスプロシウムなど現在有用な元素を比較的多く含んでいるので，その利用が求められている．

　希土類鉱石の特徴の一つはトリウム(Th)などの放射性元素を含有していることである．各鉱石中の酸化トリウム(ThO_2)含有率は，モナザイトが8～12％，バストネサイトが0.02～1.34％，ゼノタイムが0.8～2％，イオン鉱が0.01％程度である．これらの分離，保管，さらにはその利用が課題である．

Column 5　　　　　　　　　　　　　南鳥島海底の希土類

2013年3月21日の読売新聞朝刊は，南鳥島南側におけるわが国の排他的経済水域(EEZ)の範囲内で，水深5600～5800mの海底の堆積物中に，5000ppm以上の希土類が存在していることを発見した，という海洋研究開発機構と東京大学加藤泰浩教授の発表を報じた．

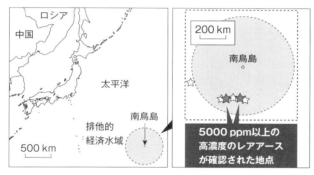

▲南鳥島海底の希土類

四角の破線は海洋研究開発機構などによるレアアース泥の調査範囲．☆は調査地点．

　この発見の意義は，まずわが国のEEZ内にあるはじめての希土類資源であること，次にトリウムやウランなど，放射性元素の含有率がゼロ，またはきわめて小さいこと，さらに資源量が大きいと想定されること，である．現在，その採泥や揚泥などの実用化の検討が行われている．

加藤泰浩，『太平洋のレアアース泥が日本を救う』，PHP研究所(2012)．

5.3　希土類産業はバランス産業

　希土類工業はバランス産業(an industry under an uneven balance between supply and demand)とよばれている．ここでいう"バランス"とは，たとえば鉱石に含まれている成分比と同じ割合で需要があれば，すなわち無駄のない需要があれば，不要な在庫品を抱えなくてもよいので，理想的な経

営が可能である，という意味である．

　重希土だけがほしい場合でも，当面必要のない軽希土も大量に分離されてしまい，在庫品となる．これらを保管するための経費が経営を圧迫する．化学産業でも，これまでこの"バランス"に悩み，副産物の利用とともに，副産物を生じない合成法の開発に努めてきた．希土類の場合，はじめからある割合で鉱石に17元素が含まれているので，必要な元素のみ採掘し，需要に合わせた分離を行うことは，現在のところ困難であるが，これらの技術の開発は，希土類業界の究極の目標である．

章　末　問　題

問 5.1　放射性元素のトリウム(Th)は，ゼノタイムよりも同じリン酸塩であるモナザイトに多く含まれている(多い場合，8%程度含まれていることがある)．その理由を説明せよ．

参　考　文　献

1) 足立吟也 監修, 『希土類の機能と応用』, シーエムシー出版(2006).
2) 足立吟也 監修, 『希土類の材料技術ハンドブック』, エヌ・ティー・エス(2008).
3) 足立吟也 監修, 『レアメタル便覧 I』, 丸善(2011).
4) 町田憲一 監修, 『レアアースの最新技術動向と資源戦略』, シーエムシー出版(2011).

第6章

鉱石からの希土類成分の取りだしと分離精製

Keyword

選鉱(ore dressing), 酸分解(acidic cleavage), アルカリ分解(alkaline decomposition), 溶媒抽出(solvent extraction), 磁力選鉱(magnetic separation), 浮遊選鉱(flotation)

採掘された鉱石には，0.1〜10％程度しか含まれていないので，これら希土類鉱石以外のものを浮遊選鉱や磁力選鉱などで除去する．この工程を経た鉱石を精鉱とよび，精鉱中の希土類酸化物含有率を数十％にまで高めている．

6.1 希土類鉱石の分解

6.1.1 モナザイトとゼノタイムの分解

モナザイトは主として軽希土のリン酸塩なので，希土類の効果的な分離はもちろん，リンの回収にも配慮がなされている．精鉱分解は濃硫酸もしくは苛性ソーダで処理して行われる(図6.1)．前者では鉱石と濃硫酸とを加熱し，希土類硫酸塩水溶液とする．共存しているトリウム(Th)は，ピロリン酸ソーダを加えて，ピロリン酸トリウムとして沈殿させ，ろ別する．ろ液に，さらに硫酸ソーダを投入すると，溶解度の小さい軽希土硫酸塩は結晶化する．次いでこれと苛性ソーダを反応させて，軽希土混合希土類水酸化物を得る．溶

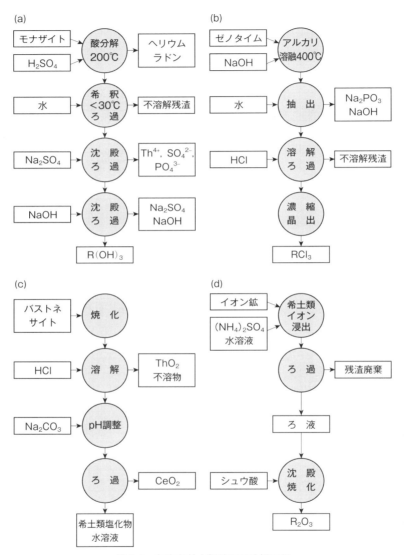

図 6.1　おもな希土類鉱石の分解工程

(a)モナザイトの硫酸分解，(b)ゼノタイムのアルカリ分解，(c)バストネサイトの塩酸分解，(d)イオン鉱の硫酸アンモニウム水溶液による希土類イオンの抽出．

解度の大きい重希土硫酸塩は，希土類成分をシュウ酸塩として沈殿，ろ過焼化し，重希土混合酸化物を得る〔図6.1(a)〕．

ゼノタイムの硫酸分解もほぼ同じ工程であるが，こちらはイットリウム(Y)と重希土が主成分であるので，これらの硫酸塩の溶解度が大きく，シュウ酸塩として分離する．このシュウ酸塩を焼化して希土類混合酸化物とし，次の相互分離の出発原料とする．

苛性ソーダによる分解では，鉱石中のリン酸成分をリン酸ソーダとして分離したのち，生成している希土類水酸化物を塩酸にて塩化物に変え，ろ過後，ろ液を煮詰めて固化し，塩化希土として出荷している．また，この塩酸処理の際にpHを調節してトリウム成分を不溶性水酸化物のまま残して別途分離している〔図6.1(b)〕．

6.1.2　バストネサイトの分解

バストネサイト原鉱には，バストネサイト鉱が10〜12%程度で，ほかに方解石($CaCO_3$)や重晶石($BaSO_4$)が含まれている．選鉱過程でこれら共存物を除去し，さらに高温処理して，希土類酸化物90%程度の混合酸化物を得ている．

この混合酸化物を塩酸に溶解する際に，ThO_2は溶けずに残るので，ろ別する．さらにNa_2CO_3でろ液のpHを調節し，生成してくるCeO_2の沈殿をろ別すると，このろ液は希土類の塩酸溶液であるので，次の溶媒抽出にそのまま用いることができる〔図6.1(c)〕．

6.1.3　イオン鉱からの希土類の分離

イオン鉱は，ラテライトなどの粘土に希土類イオンが吸着したものなので，硫酸アンモニウム水溶液を注入して希土類イオンを溶出させ，これからシュウ酸塩を経由して混合酸化物を得る〔図6.1(d)〕．操業の一例をあげれば，$5\,g\,L^{-1}$の硫酸アンモニウム$450\,m^3$を注入して，希土類混合酸化物を20.8 t回収している(図6.2)．

モナザイトやゼノタイムではリン(P)が，バストネサイトではフッ素(F)

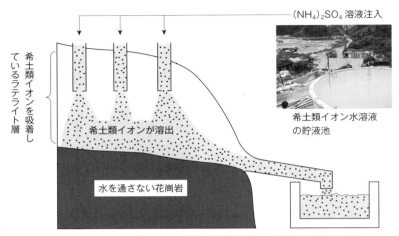

図 6.2　イオン鉱採掘現場の概念図(挿入写真：中国稀土学会提供)
例：$(NH_4)_2SO_4$ 溶液($5\,g\,L^{-1}$, $450\,m^3$), 回収酸化物($20.8\,t$).
Li Chun, *Nonferrous Metals Science and Engineering*, 2, 63(2011).

が副産物として得られるが，前者は肥料として，後者は蛍石(CaF_2)として利用される．

6.2　希土類の相互分離

希土類の工業的相互分離は，混合硝酸塩あるいは混合塩化物水溶液について，初期にはイオン交換樹脂を用いたイオン交換法での分離であったが，現在では大量処理に適した溶媒抽出法が用いられている．

溶媒抽出法は，互いに混じり合わない二つの溶媒，すなわち希土類が溶けている水溶液と有機溶媒を同じ容器に入れて振り混ぜると，水溶液中の希土類イオンの一部は有機溶媒中に溶け込む．この有機溶媒に溶け込む傾向は希土類の種類により異なるので，この操作を連続して行うと希土類イオンは相互に分離されることになる．分離効率の増大を図るために，有機溶媒には希土類と錯体をつくりやすい抽出剤とよばれる錯形成剤を溶かし込んでいる．

ある希土類イオン R_A が二つの相に分配されるとき，その分配係数 D_A を

次のように定義している.

$$D_A = [有機相中のR_Aの濃度]/[水溶液相中のR_Aの濃度] \cdots (6.1)$$

二つの希土類イオン R_A および R_B の混合物の分離については，次の β_B^A を分離係数とよぶ.

$$\beta_B^A = D_A/D_B \cdots (6.2)$$

この β_B^A が大きいほど分離は容易であるが，一般に周期表での位置が隣同士であれば，この値は1に近いが，わずかに差がある．すなわち，分離は困難であるが，撹拌−静置を多数回行うことでわずかの差を積み重ねていき，成分それぞれ高純度で分離している.

図6.3は溶媒抽出操作を簡単に示したもので，向流分配プロセスとよばれている．有機相が一方向から流され，希土類イオンが溶けている水溶液相は，

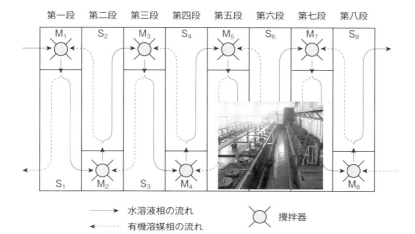

図6.3　溶媒抽出装置の概念図(挿入写真：操業現場，中国稀土学会提供)
　M：ミキサー，S：セトラー．

これとは反対の方向に流れていく．撹拌(ミキサー)-静置(セトラー)の一組を一段とよぶので，この図は八段の溶媒抽出装置である．水溶液中の希土類イオンと有機相中の抽出剤との間で平衡が成り立っていて，段が進むにつれて，重希土イオンの濃度が大きくなっていく．

抽出剤としては，現在，商品名「PC-88A」(2-ethylhexyl phosphonic acid mono-2-ethylhexyl ester)という有機リン酸が最も多く用いられている．

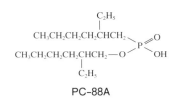

PC-88A

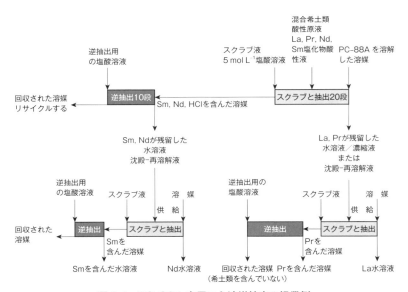

図 6.4　PC-88A を用いた溶媒抽出の操業例
La，Pr，Nd，Sm 混合水溶液からの各イオン相互分離．逆抽出は有機相から希土類イオンを水に溶かしだす操作．スクラブは酸性の水溶液を用いて部分的に取りだす操作．

この抽出剤は希土類間の分離係数が高いこと，また有機相から水溶液相への逆抽出も容易であることなどの特徴がある．プロメチウム(Pm)を除く，ランタン(La)からガドリニウム(Gd)までの隣接している希土類間での PC-88A の平均分離係数は 4.25 で，それまでよく用いられていた D2EHPA〔bis(2-ethylhexyl)phosphoric acid〕の 2.52 を大きく上回っている．かつては，希土類超高純度品(6N)の製造には，イオン交換法が用いられていたが，現在では溶媒抽出法のみでも可能である(図 6.4)．

　溶媒抽出法では，溶液中の希土類濃度は，Y_2O_3 では 200 g L^{-1} であるのに対し，イオン交換法では 3 g L^{-1} と希薄である．前者では処理液量が格段に少なく，生産効率が高いので，現在では溶媒抽出法が主流になった．

章 末 問 題

問 6.1 希土類の工業的分離の歴史的な発展過程を述べよ．

参 考 文 献

1) 伊藤　博，木村祐司，「希土類鉱石の処理」，足立吟也 監修，『希土類の材料技術ハンドブック』，エヌ・ティー・エス(2008)，p.615．
2) 伊藤　博，綿谷和浩，川添博文，「希土類の分離精製」，足立吟也 監修，『希土類の材料技術ハンドブック』，エヌ・ティー・エス(2008)，p.624．
3) Li Chun, *Nonferrous Metals Science and Engineering*, **2**, 63(2011)．
4) S.Cotton 著，足立吟也 監修，足立吟也，日夏幸雄，宮本　量 訳，『希土類とアクチノイドの化学』，丸善(2008)，p.10．

第7章

希土類の分析

Keyword

蛍光X線分析法(fluorescence X-ray spectrometry), ICP発光分光分析法(inductively coupled plasma atomic emission spectroscopy; ICP-AES), グロー放電質量分析法(glow discharge mass spectrometry; GDMS)

希土類イオンの化学分析では,その化学的性質が互いに酷似しているため相互分離が困難で,全体を一群として定量する場合が多い.その場合,水酸化物,シュウ酸塩,およびフッ化物は水溶液中での溶解度が小さいので,これらの塩として沈殿させ,焼化後,酸化物あるいはフッ化物として表量している.化学分析実施例として,現在廃止されてはいるが,「JIS M8404 鉱石中の希土類分析法」があった.この章では,現場での迅速分析として多用されている**蛍光X線分析法**(fluorescent X-ray spectrometry),微量分析で威力を発揮する**ICP発光分光分析法**(inductively coupled plasma atomic emission spectrometry;ICP-AES),および固体試料質量分析の中心分析法である**グロー放電質量分析法**(glow discharge mass spectrometry;GDMS)についてふれる.

7.1 蛍光X線分析法

　原子中の電子は，より高いエネルギー準位に励起されたのち，再び低い準位に落ちるときに，両準位のエネルギー差に相当する電磁波（特性X線）を発生する．この電磁波の波長（すなわち，エネルギーの値）からは原子の種類の判別，電磁波の強度からはその量を知ることができる．この励起をX線で行ったとき，この分析法を蛍光X線分析法とよんでいる．波長と原子番号との間には，1.3節で学んだモーズレイの関係があるので，試料に含まれている元素の定性分析ができる．

$$1/(\lambda_{K_\alpha}) = 3/4 c_0 R(Z-1)^2 \quad \cdots\cdots\cdots\cdots\cdots (7.1)（式1.1の再掲）$$

λ_{K_α}：ある元素の特性X線（K_α）の波長

c_0：光速

R：リュードベリ定数（$1.097373153 \times 10^7 \mathrm{m}^{-1}$）

Z：元素ごとに与えられる整数の定数（のちの原子番号）

　蛍光X線分析は，試料が固体のままでも可能なので，簡易迅速分析からppmレベルの微量分析まで，広範囲に用いられている．

　希土類の場合，分析に用いる波長（L線）は互いに近接しているので，共存しているほかの元素の影響をうけやすく，この影響は**マトリックス効果**（**matrix effect**）とよばれている．これを軽減するために，精度を要する定量分析では，試料の組成の近似した標準試料を用いた検量線法や内部標準法を採用している．

　表7.1は希土類系水素吸蔵合金の分析例である．蛍光X線分析法の結果は，湿式化学分析やICP発光分光分析法の値とよい一致を示している．

　高純度希土類酸化物中のほかの共存希土類酸化物の定量，水素吸蔵合金，磁石合金主成分の高精度定量なども行われている．さらには，照射X線の強度や波長の精度が大きい放射光を用いて，1mg程度の月の岩石や隕石中の希土類をppm単位で定量した例もある．含まれている希土類の種類とそ

表7.1 水素吸蔵合金の分析例(いずれも試料数6個)

		La	Ce	Pr	Nd	Ni	Co	Mn	Al	Fe
湿式化学分析	分析値(%)	16.00	11.99	1.294	3.981	47.68	10.87	6.483	1.237	0.309
	標準偏差(%)	0.25	0.20	0.89	0.38	0.05	0.10	0.34	0.26	1.3
ICP-AES	分析値(%)	16.07	11.98	1.300	3.971	47.68	10.88	6.472	1.237	0.309
	標準偏差(%)	0.36	0.40	0.96	0.29	0.18	0.30	0.51	0.32	1.3
蛍光X線分析	分析値(%)	16.04	12.01	1.291	3.973	47.69	10.89	6.460	1.236	0.308
	標準偏差(%)	0.04	0.07	0.34	0.13	0.04	0.06	0.14	0.66	1.8

山口秀尚,「希土類の分析法」,足立吟也 監修,『希土類の材料技術ハンドブック』,エヌ・ティー・エス(2008),p.691.

の含有量のパターンは,宇宙・惑星物質の化学変化の"ものさし"としてきわめて重要なので,この分析は近年注目されている.

7.2 ICP発光分光分析法

　高周波誘導加熱で高温にした炎中で発生させたプラズマ〔**誘導結合プラズマ(inductively coupled plasma;ICP)**〕の発光波長とその強度,および発生したイオンの質量を計測する分析法があるが,前者をICP発光分析,後者をICP質量分析とよんでいる.ここでは,前者について述べる.

　ICP発光分光分析法(ICP-AES)は,希ガス,ハロゲン,窒素,酸素などを除く約70種の元素について,ppmレベル,さらにはppbレベルの高感度で分析できる.検量線の直線範囲は4～5桁に及び,精度もよい.

　図7.1は装置の概念図で,中央のプラズマで試料中の元素はイオン化される.希土類は発光スペクトルが複雑なので,それら相互の干渉にも注意がはらわれ,波長分解能にとくに優れた回折格子分光器(4000本/mm,焦点距離1m)が用いられている.試料は溶液にしてネブライザーから噴霧される.表7.1に水素吸蔵合金の分析例を示しておく.

7.3 グロー放電質量分析法　95

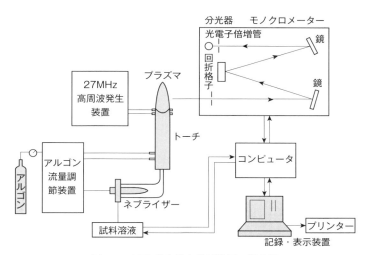

図7.1　ICP発光分光分析装置の概念図

プラズマ発光部で発生するプラズマに，ネブライザーで霧状にした試料溶液を導入し，励起発光させる．その発光を分光器でスペクトル分離し，それぞれの波長における発光強度を光電子増倍管で検出し，得られた電気信号を演算処理することによって，個々の元素の存在量をもとめる．
大角泰章，「ICP」，泉 美治，小川雅彌，加藤俊二，塩川二朗，芝 哲夫 監修，『第2版　機器分析のてびき　第3集』，化学同人(1996)，p.43．

7.3　グロー放電質量分析法

　この分析法は，現在，固体質量分析法の中心的方法である．分析する試料を陰極として，$0.1 \sim 10\,\mathrm{Torr}$（$1\,\mathrm{Torr} = 133.322\,\mathrm{Pa} \simeq 1\,\mathrm{mmHg}$）のアルゴン中でグロー放電させると，この放電でたたきだされた中性原子がイオン化されるので，これを質量分析器にかけて質量数別に検出，定量する．

　この方法は，(1)金属，半導体，および絶縁体いずれの固体にも適用できる，(2)希ガスを除いた全元素が分析可能，(3)試料マトリックスの影響が少ない，(4)分析精度がよく，ppbレベルから主成分まで適用可能である，(5)試料量はmg程度でよい，などの特徴がある．検出限界は$\mathrm{ng\,g^{-1}}$の桁である．表7.2に高純度$\mathrm{Y_2O_3}$(99.999%)の分析例を示しておく．

表7.2 Y$_2$O$_3$ 高純度品(99.999%)の GDMS 測定結果例

共存元素	測定質量数	イオン強度(counts)	半定量値(ppm)
Y	89	66,631,080	1,000,000
La	139	< 5	< 0.05
Ce	140	< 5	< 0.05
Pr	141	5	< 0.05
Nd	142	< 5	< 0.1
Sm	152	< 5	< 0.1
Eu	151	< 5	< 0.1
Gd	158	12	0.37
Tb	159	< 5	< 0.05
Dy	163	< 5	< 0.1
Ho	165	< 5	< 0.05
Er	166	< 5	< 0.05
Tm	169	< 5	< 0.05
Yb	174	< 5	< 0.1
Lu	175	10	0.055

半定量値：主成分元素と目的元素のイオン強度比を相対感度係数(Relative Sensitivity；RSF)で補正した値．

章 末 問 題

問 7.1 Nd(OH)$_3$ の溶解度積 K_{sp} は 3.2×10^{-22} である．この化合物の飽和水溶液中でのモル溶解度をもとめよ．

参 考 文 献

1) 日本分析化学会九州支部 編，『機器分析入門 改訂第3版』，南江堂(1996)．
2) 大角泰章，「ICP」，泉 美治，小川雅彌，加藤俊二，塩川二朗，芝 哲夫 監修，『第2版 機器分析のてびき 第3集』，化学同人(1996)，p.43．
3) 戸田勝久，「蛍光X線分析法」，泉 美治，小川雅彌，加藤俊二，塩川二朗，芝 哲夫 監修，『第2版 機器分析のてびき 第3集』，化学同人(1996)，p.55．
4) 山口秀尚，「希土類の分析法」，足立吟也 監修，『希土類の材料技術ハンドブック』，エヌ・ティー・エス(2008)，p.691．

第8章

希土類の応用

Keyword

材料開発の歴史(the history of the materials development), マンハッタン計画(The Manhattan District Operation), 4f軌道不完全充填(gradually filled 4f orbital), 永久磁石(permanent magnet), 保磁力(coercivity), 磁化(magnetization), MRI (magnetic resonance imaging), 励起と発光(excitation and luminescence), f-f遷移(f-f transition), f-d遷移(f-d transition), LED(light emitting diode), レーザ(laser), イムノアッセイ(immunoassay), 水素吸蔵合金(hydrogen storage alloys), ニッケル水素電池(nickel-metal hydride battery), 研磨剤(polishing agent), 燃料電池(fuel cells), SOFC(solid oxide fuel cells), 酸素センサ(oxygen sensors), 三元触媒(three-way catalyst), 圧電体(piezoelectrics), フェライト(ferrites), 超伝導体(superconductors), 有機合成触媒(organic synthesis catalyst), タミフル(tamifulu), 高分子重合触媒(polymerization catalyst), ゴルフボール(golf ball)

これまで，希土類の際立った特徴を詳しく述べてきた．では，この特徴はどこに生かされて，私たちの心や生活を豊かにしてくれているだろうか．本章では，希土類の応用を眺めてみよう．

第8章 希土類の応用

8.1 希土類はどのように利用され,どこにどれだけ用いられているか

　1794年のガドリンのイットリウム(Y)発見以降,1803年のセリウム(Ce)発見など,いくつかの希土類元素発見はつづいたが,これらをただちに応用するには至らず,1885年のオーストリアのウェルスバッハ(Carl Auer von Welsbach, 1858-1929)によるセリア〔酸化セリウム(CeO_2)〕入りガスマントルの発明まで待たねばならなかった.

　第二次世界大戦最中の1942年8月に,アメリカで原子爆弾開発のための**マンハッタン計画**(The Manhattan District Operation)が開始された.これはこれまでに経験のないウランの精錬技術が不可欠であった.当時,少量しか入手できないウランの代わりとして,同じ第3族の希土類を用いて精錬技術を積み上げ,その成果をウランに適用する方法論が採用された.この副産物として,希土類の相互分離および金属への精錬技術も飛躍的に進歩した.第二次世界大戦後の1947年ごろよりこれら技術が公開され,それまで混合物でしか用いられなかった希土類金属や化合物が,高純度でも利用できるようになった.発光材料や磁石はその成果である.表8.1は材料への応用の歴史を一覧したものである.

　表8.2には2008年の世界の材料別元素別希土類使用量である.概して,この種の統計は,社会の影響を強くうけるものであるから,年月とともに数値にも変化があるので,現在の値はどうなっているかについては,常に別途注意をはらってほしい.そのためには,経済産業省や財務省の統計,とくに希土類については,独立行政法人石油天然ガス・金属鉱物資源機構(JOGMEC),U.S.Geological Survey(世界)の統計をインターネットで調べるのも一つの方法である.

　表8.3にはおもな希土類金属,酸化物の価格を示した.

　希土類使用の最も多い用途はネオジム(Nd)永久磁石で,全体の20%に達している.ごく最近だけを見れば,希土類,とくにジスプロシウム(Dy)使用量の削減も進んでいて,今後も希土類の使用量や磁石生産量は変動するだろう.8.2.5項で述べるように,ネオジム永久磁石の圧倒的な性能に期待す

8.1 希土類はどのように利用され，どこにどれだけ用いられているか

表 8.1　希土類を用いた材料の発展史

年	できごと
1885	ガスマントル(ガス灯の増光)，電球の発明(1879)よりあとであることに注意
1899	Y_2O_3 安定化ジルコニア(のちの固体酸化物型燃料電池用固体電解質)
1903	ライターの発火合金
1910	アーク光の増光剤(Ce をアークカーボンに混ぜる)
1939〜45	アメリカで原爆開発(マンハッタン計画)，希土類基礎研究もひそかに進展
1943	ガラスの研磨
1955	原油分解触媒(FCC 触媒)の開発
1963	Y 添加による鉄鋼耐熱・耐蝕化
1964	カラーテレビの赤色蛍光体(YVO_4：Eu^{3+})
1965	$SmCo_5$ 永久磁石
1968	$LaNi_5$ 水素吸蔵合金の発見
1968	三波長蛍光灯(Eu^{2+}，Tb^{3+}，Eu^{3+})
1973	ジルコニア酸素センサ
1975	Sm_2Co_{17} 永久磁石
1983	Nd-Fe-B 永久磁石
1984	固体酸化物型燃料電池(SOFC)
1986	酸化物高温超伝導体(La 系)
1987	$YBa_2Cu_3O_{7-\delta}$ 高温超伝導体
1990	Sm-Fe-N 永久磁石
1990	ニッケル水素二次電池($LaNi_5$ 水素吸蔵合金負極)
1990	自動車廃ガス処理三元触媒
1995	純粋な 3 価(Sc^{3+})イオン伝導体
1998	青色発光ダイオード励起で黄色発光を得る$(Y_{1-x}Gd_x)_3(Al_{1-y}Ga)_5O_{12}$：$Ce^{3+}$
2006	Y 不斉触媒を用いたタミフルの合成

る省エネルギー運動の高まりに加え，風力などの自然エネルギー利用にも使われているので，この用途の占める地歩は，今後も大きくなると思われる．希土類磁石は 4f 軌道電子が働いている用途である．

　原油分解触媒は主としてガソリン製造に用いられているもので，ゼオライト($Na_2O \cdot Al_2O_3 \cdot nSiO_2$)の Na^+ イオンを，ランタン(La)やセリウムなどの

希土類イオンで置換し，ガソリン留分が多くなるように工夫されている．
　ガラス研磨剤は，いわゆるガラス製品やシリコンウエハ（半導体結晶基板）の表面を，酸化セリウム（CeO_2）微粒子を懸濁させた液体（スラリー）で平滑

表 8.2　世界の材料別・元素別希土類使用量（2008 年）

用途	CeO_2	La_2O_3	Nd_2O_3	Y_2O_3	Pr_6O_{11}	Dy_2O_3	Gd_2O_3	Sm_2O_3	Tb_4O_7	Eu_2O_3	その他	使用量合計
自動車排ガス処理触媒	6,840 (90.0)	380 (5.0)	228 (3.0)		152 (2.0)							7,600 (5.9)
電子材料系セラミックス	840 (12.0)	1,190 (17.0)	840 (12.0)	3,710 (53.0)	420 (6.0)							7,000 (5.4)
原油分解（流動接触）触媒	1,980 (10.0)	17,800 (90.0)										19,780 (15.3)
ガラス添加剤	7,920 (66.0)	2,880 (24.0)	360 (3.0)	240 (2.0)	12.0 (1.0)						480 (4.0)	12,000 (9.3)
合金・鉄鋼添加（電池用途を除く）	5,980 (52.0)	2,990 (26.0)	1,900 (16.5)		633 (5.5)							11,503 (8.9)
ネオジム磁石			18,200 (69.4)		6,140 (23.4)	1,310 (5.0)	525 (2.0)		53 (0.2)			26,228 (20.3)
電池用合金	4,040 (33.4)	6,050 (50.0)	1,210 (10.0)		399 (3.3)			399 (3.3)				12,098 (9.4)
発光材料	990 (11.0)	765 (8.5)		6,230 (69.2)			162 (1.8)		414 (4.6)	441 (4.9)		9,002 (7.0)
ガラス研磨剤	10,700 (65.1)	5,170 (31.4)		574 (3.5)								16,444 (12.7)
その他	2,930 (39.0)	1,430 (19.0)	1,130 (15.0)	1,430 (19.0)	300 (4.0)		75 (1.0)	150 (2.0)			75 (1.0)	7,520 (5.8)
元素別合計	42,220 (32.9)	38,655 (29.9)	23,868 (18.5)	11,610 (9.0)	8,738 (6.8)	1,310 (1.0)	762 (0.6)	549 (0.4)	467 (0.4)	441 (0.3)	555 (0.4)	129,175 (100)

単位は t，カッコは百分率．

表 8.3　おもな希土類金属・酸化物の価格

希土類金属・酸化物	価格（US ドル kg^{-1}）	希土類金属・酸化物	価格（US ドル kg^{-1}）
ランタン（La）	11	ジスプロシウム（Dy）	463
セリウム（Ce）	12	イットリウム（Y）	60
プラセオジム（Pr）	155	酸化ランタン（La_2O_3）*	6
ネオジム（Nd）	86	酸化セリウム（CeO_2）*	7
ジジム〔Di(Pr + Nd)〕	88	酸化ユウロピウム（Eu_2O_3）*	936
サマリウム（Sm）	27	酸化イットリウム（Y_2O_3）*	21
テルビウム（Tb）	870		

レアメタルニュース 2015 年 2 月 24 日および 2014 年 6 月 24 日の記事参考．後者には * を付している．

8.1 希土類はどのように利用され,どこにどれだけ用いられているか

にするものである.CeO_2 による"機械的な切削"と,CeO_2 とガラス成分との化学反応による"剥離"の二つの作用(chemical mechanical polishing;CMP)で,研磨が行われると考えられている.

電池用合金は,主としてニッケル水素電池(二次電池,商用呼称は充電池)の負極として用いられるミッシュメタル-ニッケル合金のことである.この電池の使用量は 2000 年にピークを迎えたが,最近では,携帯電話用の電池などはリチウムイオン電池に置き換えられつつある.その理由は,単位重量当たりのエネルギー密度($Wh\ kg^{-1}$)が,リチウムイオン電池($100 \sim 140\ Wh\ kg^{-1}$)にくらべて,ニッケル水素電池($60 \sim 90\ Wh\ kg^{-1}$)は小さいからである.しかしながら,充放電の速度が大きく,安全性がより高いなどのメリットがあるため,ハイブリッド車用,電気自動車用や電動工具用などでは,依然として主力である.

ガラス添加剤は,レンズなどの光学ガラス製造のために用いられ,主としてそれらを高屈折率化する.可視領域に吸収をもたないイットリウム,ランタン,ガドリニウム(Gd)の酸化物が用いられている.また,紫外線カットと脱色には CeO_2 が,着色にはネオジムが添加されている.赤外線レーザ($Y_3Al_5O_{12}:Nd^{3+}$,YAG レーザ)もこの分類に入っている.

合金・鉄鋼添加は,主として希土類添加で鉄鋼の耐高温酸化,耐高温腐食の改善を目指すものである.希土類添加合金の数は多く,Al-Mg-Sc 合金は航空機の胴体,翼の外板および金属バットなどに用いられており,なじみが深い.スカンジウム(Sc)は,やわらかい金属アルミニウムを"かたく"し,強度を増す働きをしている.

発光材料は,照明やディスプレイに用いられる希土類で,中希土や重希土が多い.これらも 4f 軌道電子が重要な働きを担当している.

自動車排ガス処理触媒は,自動車からの排気ガス中に含まれる炭化水素(hydrocarbon;HC),一酸化炭素(CO),および窒素酸化物(NO_X)の三成分を同時に浄化する三元触媒と,ディーゼルエンジンからでる粒子状物質(煤,パティキュレート)を除去する触媒のことで,セリア〔酸化セリウム(CeO_2)〕,またはセリアとジルコニア(ZrO_2)との複合酸化物が用いられている.

電子材料系セラミックスとは,フェライト磁性体,キャパシタ(コンデンサ)に使われている誘電体,酸素センサなどの化学センサ,燃料電池用固体電解質,電子顕微鏡の電子銃に使われている電子放射体(LaB_6)などに用いられる希土類である.

その他には,医薬品などの有機化合物合成の触媒,高分子重合触媒,MRI造影剤などが含まれている.

それでは,ここであげたおもな応用例について,少し詳しく見てみよう.

8.2 希土類永久磁石

希土類イオンの最大の特徴である"**4f 軌道が不完全充填であって,この軌道が内部にある**"ことを利用している材料の一つが,希土類永久磁石である.また,この永久磁石中の希土類の割合は,たとえばネオジム磁石では,ネオジムが主成分であり,30重量％にも及ぶ.

8.2.1 磁石の基礎

希土類イオンの磁性については2.5節ですでに学んだ.永久磁石とは,①磁性体に大きな磁場を加えてその磁気モーメントを一方向にそろえたのち,磁場を取り去ってもなお,この一方向にそろっている状態が保持されている(強磁性状態),②磁石の使用温度で,この一方向にそろっている状態がそのまま"壊れず"に残っていて,外部に磁力線が取りだせ,"仕事"をさせることができるものである.条件が整っていれば,なにもせずに長期間,感覚的には"ほとんど永久"に磁力線を取りだせるので,"永久磁石"とよばれている.ところで,磁気モーメントは,そのベクトルを常に一方向に並ぶ強磁性状態ばかりではない.互い違いの方向,すなわち反強磁性状態もある.ここで磁気モーメントの並び方について整理しておこう.

イオンが磁気モーメントをもっていても,そのままでは"バラバラ"で互いに打ち消し合い,"磁力線"を外部に取りだせず,仕事をさせることはできない〔**常磁性**(paramagnetism),図8.1(a)〕.これは熱エネルギーなどで

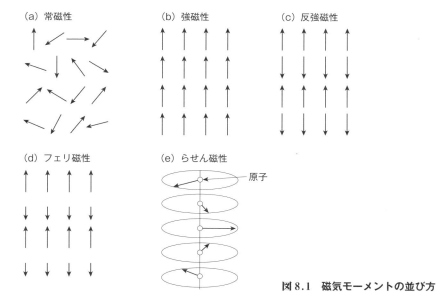

図 8.1 磁気モーメントの並び方

このようになっているので,温度を下げると自ら磁気モーメントを一方向にそろえて強磁性〔**フェロ磁性**(ferromagnetism),図 8.1(b)〕になり,磁力線が外部にでて,ものを引きつけることができる.このように磁気モーメントがそろう温度,すなわち,自発磁化をもつようになる温度を**キュリー点**(Curie temperature;T_c)という.

磁気モーメントを互い違いに反平行にするそろえ方もあって,これを反強磁性〔**アンチフェロ磁性**(antiferromagnetism),図 8.1(c)〕とよんでいる.この場合も,磁気モーメントは互いに打ち消し合ってしまうので,磁力線を取りだせず,ものを引きつけることはできない.

磁気モーメントの配列が反強磁性的であっても,磁気モーメントの大きさが異なっていて,差し引きで磁気モーメントがいくぶんか残っていれば,そのぶんの磁力線は外部にでるので,ものを引きつけることができる.このような状態を**フェリ磁性**〔ferrimagnetism,図 8.1(d)〕という.フェライト磁石など,この例はたいへん多い.

第8章 希土類の応用

磁気モーメントの配列の様式はほかにもいくつかあって，図8.1(e)のような"らせん"になる場合もある．希土類金属には，エルビウム(Er)など，このような例が多い(4.1.2項参照)．

磁石の"仕事"といえば，ここでも述べたとおり，"ものを引きつける"ことである．これは磁石のなにが働くことで起こっているのであろうか．

組成と結晶構造を整えただけでは単なる合金である．磁区とよばれる小領域内では強磁性で磁気モーメントがそろっているが，その方向は隣の磁区の磁気モーメントの方向とは無関係である．各磁区は互いに"バラバラ"な方向を向いていて打ち消し合い，全体としての磁気モーメントは"ゼロ"になる．そのため，外部に磁力線はださず，まだ"磁石"にはなっていない．これに外部から大きな磁場を加えて，全体としての磁気モーメントの向きを一方向にそろえなければならない．この工程を"着磁"といい，これを行うことで"磁石(永久磁石)"になるのである(図8.2)．

図8.3は永久磁石の基本的な性質を説明するための，磁束密度Bと加えている磁場Hとの関係を示した，いわゆるヒステリシス曲線である．おおまかにいえば，この磁石の"吸引力"は磁束密度Bの2乗に比例している．よっ

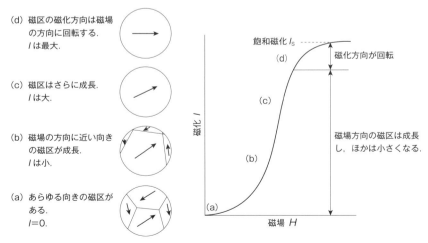

図8.2 磁区の成長および回転と着磁

山本直一，「電子スピンの集団」，足立吟也，島田昌彦，南 努 編，『新無機材料科学』，化学同人(1990), p.98.

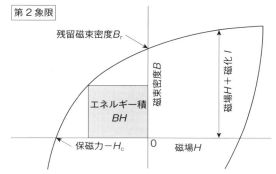

図 8.3 永久磁石のヒステリシス曲線(B–H曲線)

て,"強い磁石"とは,その使用条件下で,大きな磁束密度Bをもっている磁石のことである.

磁石は,一般には,衝撃,温度上昇,雰囲気との化学反応,および着磁とは逆方向の磁場などにより,少しずつ磁束密度Bは小さくなっていく.このような"障害,悪影響"に対する抵抗力を,着磁とは反対方向の磁場を磁石に印加して,その磁石の磁束密度Bをゼロにしてしまう印加磁場の大きさ〔保磁力H_c(coercive force),単位はヘンリー,記号はH($1\,\mathrm{H} = 1\,\mathrm{A\,m^{-1}}$)〕で表している.強力な永久磁石は,磁束密度$B$が大きいことはもちろんであるが,保磁力$H_c$が大きいことも求められている.磁石の性能を表示する場合,両者の積の最大値,具体的には図8.3の第2象限の曲線に内接する長方形の面積の最大値〔最大エネルギー積$(BH)_{\max}$〕を用いている.

✅ Check 硬磁性体と軟磁性体

強磁性体のうち,保磁力H_cの大きいものは硬磁性体(永久磁石),小さいものは軟磁性体とよばれている.後者のうち,磁化Iの値が大きく,磁束密度Bが大きい材料は,電磁石,変圧器の鉄心,発電機,およびモータの回転子に用いられる.軟磁性体の代表例であるFe-B-Si非晶質合金の保磁力は$5\,\mathrm{A\,m^{-1}}$であり,高磁性体の希土類系永久磁石($Nd_2Fe_{14}B$)の約$900\,\mathrm{kA\,m^{-1}}$にくらべ6桁も小さい.

✓Check 磁束密度

磁気の強さを表す物理量で,記号は B. 磁場の様子を磁束線(定性的には磁力線と同じ意味.磁束線は磁力線を定量化したもの)で表したとき,"磁束線と垂直な単位面積の面を貫く磁束線の数,つまり単位面積当たりの磁束線の数"と定義される.単位はテスラ,記号はT($1\,\mathrm{T} = 1\,\mathrm{Wb\,m^{-2}}$)を用いる.磁束密度 B と物質の磁化 I(magnetization;単位体積当たりの磁気モーメント),および磁場 H との間には,$B = \mu_0 H + I$ の関係がある(μ_0 は真空の透磁率).真空中では,磁場 H と磁束密度 B は比例関係 $B = \mu_0 H$ にあるが,物質中では,磁場 H に加えて,物質の単位体積あたりの磁気モーメントの数,すなわち磁化 I も磁束密度 B に寄与する.

8.2.2 希土類磁石の性能

表 8.4 に,現在市販されているおもな永久磁石の特性の代表例をあげた.これを見ると,各磁石の最大エネルギー積 $(BH)_{\max}$ は,希土類系＞アルニコ(金属系)＞フェライト系(酸化物)の順である.フェライト系磁石の値は,希

表 8.4 市販永久磁石の特性例

種　類	材料の分類	残留磁束密度 B_r(T)	保磁力 H_c (kA m^{-1})	最大エネルギー積 $(BH)_{\max}$ (kJ m^{-3})
金属系	アルニコ	1.30	55	48.6
フェライト系 (酸化物)	SrM	0.475	380	44.0
希土類系	Sm$_2$Co$_{17}$	1.16	844	243
	Nd$_2$Fe$_{14}$B	1.48	1050	421
	Sm$_2$Fe$_{17}$N$_3$ (ボンド磁石)	0.785	510	111

金属系アルニコは Fe-Al-Ni 合金磁石.フェライト系 SrM は,マグネトプランバイト構造をもつ MO-6Fe$_2$O$_3$ の M をストロンチウム(Sr)にし,Sr および鉄(Fe)の一部を,それぞれランタン(La)およびコバルト(Co)で置換した磁性体.希土類系は 8.2.4 項から 8.2.6 項を参照されたい.最大エネルギー積 $(BH)_{\max}$ の換算:7.96 kJ m^{-3} = 1 MGOe(メガガウスエールステッド).ガウスエールステッドは産業界で使われている単位の一つである.
足立吟也,南 努 編著,『現代無機材料科学』,化学同人(2007),p.91 を一部修正.

土類系やアルニコにくらべてたいへん小さいが，安価で製造できるので，永久磁石総生産量の95％を占めている．この磁石はスピーカー，小型モータ，家具や筆箱などの"磁気を用いた留め金"に用いられている．

さて，表8.4で明らかなとおり，希土類磁石の性能は圧倒的である．大きな最大エネルギー積$(BH)_{max}$の内容を見てみると，残留磁束密度B_r〔加えている外部磁場を取り去ったときの磁石に残っている磁束密度〕が大きいことはもちろんであるが，保磁力H_cがきわめて大きいことが注目される．

8.2.3 永久磁石における希土類の役割

希土類磁石は，基本的には不完全充填である4f電子軌道をもつ希土類金属と同じく，不完全充填の3d電子軌道の遷移金属との金属間化合物である．また，含まれている希土類イオンの合成スピンと遷移金属イオンの合成スピンの関係で，磁石の性質が決まる．この関係を少し詳しく見てみよう．

2.5節で述べたとおり，希土類イオンで不対電子が存在しているのは，$5s^25p^6$軌道電子に外から囲まれた4f軌道である（図2.2参照）．この4f軌道は結晶場・配位子場の影響がなく，"自由"で，スピン角運動量Sはもちろん，軌道角運動量Lももとのまま"凍結"されず活動している．よって，有効磁子数も全角運動量$J(=L\mp S; L$はゼロではない)で表せる．2.4.1項でも学んだように，スピン・軌道相互作用によって，スピンによる磁気モーメントの方向と，軌道運動による磁気モーメントの方向は逆向きになっている．よって，全角運動量Jは原理としては，$J = L - S$(差)と表すべきである．軽希土(4f電子数$n, 7 > n$)では，そのまま，$J = L - S$となっている（図2.10）．

重希土(4f電子数$n, 7 < n$)では，2個の電子が対になっている軌道がある．スピンによる磁気モーメントは不対電子のみのスピンの方向で，スピン・軌道相互作用を考えると，対になっている電子の片方（不対電子のスピンとは逆の方向のスピンをもっている電子）の軌道角運動量L方向とその大きさが全体の軌道角運動量Sの大きさと方向である．よって，全角運動量Jは$J = L + S$(和)となる．

希土類と遷移金属との合金での磁気モーメントの合成は両成分のスピン

(JではなくS)が互いに逆方向になるよう行われる．これまで繰り返し述べているように，軽希土の全角運動量は$J = L - S$であるので，遷移金属のスピンS_Tは希土類の$-S$に対して逆，すなわち$+S_T$に，さらに合金全体では$J + S_T$(和)となる(図8.4)．結局，軽希土-遷移金属の磁気モーメントは希土類単味の場合より大きくなる．重希土では，$J = (L + S) - S_T$(差)となって，希土類単味より小さくなる．

図8.4 希土類イオンと遷移金属イオンの磁気モーメントの関係

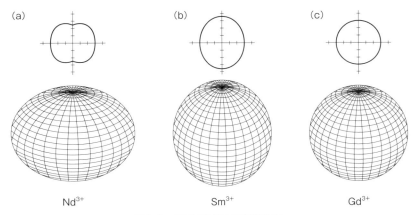

図8.5 4f軌道電子の密度分布
(a)"アンパン型"，(b)"ラグビーボール型"，(c)球形．

永久磁石でもう一つ大切な特性は，保磁力 H_c が大きくなければならないことである（図8.3）．保磁力 H_c は，磁気モーメントの方向を変えるのにどれくらいの大きさの"逆向き磁場がいるか"，簡単にいえば磁気モーメントの方向の"変え難さ"である．図8.5はいくつかの希土類イオンの4f軌道電子の密度分布である．

ガドリニウムイオン（Gd^{3+}）の電子密度分布は球形である〔図8.5(c)〕ので，周囲のイオンとの電気的な相互作用（結晶場相互作用）はどの方向に向けるにも同じであり，それに必要なエネルギーは小さく，また方向依存性は小さい．このような状態を結晶磁気異方性が小さいという．結晶磁気異方性が小さければ保磁力も小さい．これに対し，Nd^{3+} は"アンパン型"〔図8.5(a)〕，Sm^{3+} は"ラグビーボール型"〔図8.5(b)〕であるので，それぞれ周囲との相互作用の小さい方向（安定）にいったん収まってしまえば，これをほかの方向に変えるには大きなエネルギーを必要とする．すなわち，結晶磁気異方性は大きく，保磁力も大きくなる．4f軌道電子の分布は，この軌道が内部にあって，軌道角運動量 L が生き残っていることが反映されている（$L \neq 0$）．

✓Check キュリー点

この温度以下では磁気モーメントがそろっていて強磁性であるが，これ以上では常磁性となる限界の温度．（例，$Nd_2Fe_{14}B$ は 586 K，$Sm_2Fe_{17}N_x$ は 740 K，Sm_2Co_{17} は 1193 K．）

8.2.4 サマリウム磁石（Sm_2Co_{17}）

1966年に報告され，サマリウム（Sm）磁石のなかで，最初に実用化されたのは $SmCo_5$ である．これは"高価"なコバルト（Co）が多く使用されるため，より少なく，残留磁束密度 B_r が大きい Sm_2Co_{17} が開発された．この磁石の特性の一例を表8.1に示す．最大エネルギー積 $(BH)_{max}$ の理論値は 311 kJ m^{-3} もあって，フェライト系はもちろん，金属系アルニコ磁石の値を大きく上回

り，希土類磁石の世評を確定した磁石である．この磁石は $SmCo_5$ のように表されることが多いが，実際の組成は複雑である．磁束密度 B，保磁力 H_c の増大，温度変化の改善などのために，コバルトの一部が銅(Cu)で置換され，また鉄(Fe)やジルコニウム(Zr)の添加を行っている．詳細に表すと，$Sm(Co_{0.65}Fe_{0.28}Cu_{0.05}Zr_{0.02})_{7.67}$ となり，この場合は Sm 過剰である．

図8.6に結晶構造を示す．この構造は Th_2Zn_{17} 型とよばれる菱面体である．この磁石の製造には2通りの方法がある．その一つは，成分金属を溶解して合金化し，これを粉砕する直接法，もう一つは還元拡散法である．後者は，Sm_2O_3 粉末，金属コバルト粉末，および金属カルシウム(Ca)を混合し，加圧したペレットを真空下で加熱することで，Sm_2O_3 の還元と同時にコバルトとの相互拡散で合金化するものである．生成した CaO は水洗にて除去する．生成した Sm_2Co_{17} 粉を加圧成型後，焼結し，大きな磁場をかけて，磁気モーメントをそろえるための着磁を行い，磁石にする．

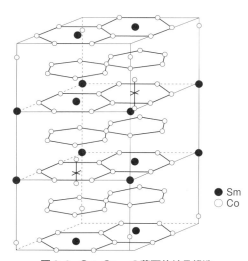

図 8.6　Sm_2Co_{17} の菱面体結晶構造

俵 好夫，大橋 健，『希土類永久磁石』，森北出版(1999)，p.40.

Column 6 俵 万智さんとサマリウム磁石

サマリウム磁石を最初に実用化したのは，歌人の俵 万智さんのお父様の俵 好夫氏（当時信越化学工業）であり，1974 年と伝えられている．俵 万智さんの歌集『サラダ記念日』（河出書房新社，1987）の 44 〜 45 ページに，希土類との関係を示す四首が載っている．そのうちの三首を紹介する．

"稀土類元素（レア・アース）とともに息して来し父はモジリアーニの女を愛す"
"月曜の朝のネクタイ選びおる磁性材料研究所長"
"ひところは「世界で一番強かった」父の磁石がうずくまる棚"

この磁石のキュリー点 T_c は 1193 K（920 ℃）と，希土類磁石のなかで最も高い．この磁石は現在では次に述べるネオジム磁石（$Nd_2Fe_{14}B$）にその主役を譲った感があるが，高いキュリー点 T_c をもっているので，高温でも使用でき，また特性の温度変化が小さいなどの優れた特徴がある．ネオジム磁石に添加されていて，供給不安が懸念されているジスプロシウムの使用を避けることができるので，いまも堅実な用途がある．わが国では年間数百 t の生産量である．

8.2.5 ネオジム磁石（$Nd_2Fe_{14}B$）

この磁石は，現在知られている永久磁石のなかでは最も強力で，比較的豊富で安価なネオジム，鉄，ホウ素（B）を用いている．1983 年にわが国，アメリカ，ドイツ，リトアニアで開発されたあと，急速にサマリウム磁石の座を奪っていった．表 8.4 の例では，最大エネルギー積 $(BH)_{max}$ は 421 kJ m^{-3} もあり，圧倒的な値である．

Nd^{3+} の磁気モーメントは，表 2.3 でも明らかなように軽希土のなかで最大である．この磁石の磁化へのネオジムの寄与は 9 ％程度で，残りは数が多い鉄が担っている．ネオジムの役目は図 8.5 で見たように，4f 軌道の電子密

度が扁平で，保磁力 H_c を増強していることにある．

ホウ素は，含まれている鉄の電子構造をあたかもコバルト原子のように変え，磁化を増加させる働きをしている．コバルトの磁性は，鉄よりキュリー点 T_c が高いなど，もともと鉄よりも強い．はじめからコバルトを用いれば済むと思ってしまうが，Nd-Co 系では磁化を一方向に固定できず，磁石にすらならない．結晶磁気異方性には，磁石になる一軸（一次元）異方性と，Nd-Co 系のように，磁化の方向が面内（二次元）であれば 360°のどの方向でも向くことができるため，方向を固定できない面内異方性がある．

ネオジム磁石（$Nd_2Fe_{14}B$）の結晶構造は，空間群 $P4_2/mmm$（Th_2Zn_{17} 菱面体構造）で，ネオジムのほか，イットリウムおよび全ランタニド元素で同じ

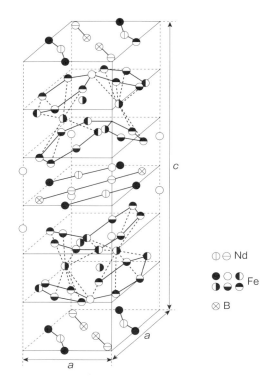

図 8.7　$Nd_2Fe_{14}B$ 化合物の結晶構造

構造をもっている(図8.7).

ネオジム磁石($Nd_2Fe_{14}B$)開発の最初期には,この組成では,室温で800 kA m^{-1}あった保磁力H_cが100℃では240 kA m^{-1}に低下してしまうという問題点があった.しかし,これは,ネオジムの一部をジスプロシウムで置換することで解決された.ジスプロシウムの置換で,磁化Iの値および最大エネルギー積$(BH)_{max}$は減少するが,異方性磁場,簡単にいえば保磁力H_cは大きくなり,温度上昇による低下を補うことができる.ここで,磁化の大きさI_sと異方性磁場H_aには,次の式8.1の関係があり,磁化Iが$Nd_2Fe_{14}B$の1.55 Tに対し,$Dy_2Fe_{14}B$では0.71 Tと小さいので,異方性磁場(MA m^{-1})はNdの5.33に対しジスプロシウムの11.94と大きくなる(表8.5).すなわち,保磁力H_cも大きくなり,温度上昇にも対応できる.

$$H_a = 2Ku/I_s \quad \cdots\cdots\cdots(8.1)$$
Ku:異方性定数 MJ m^{-3}($Nd_2Fe_{14}B$:5.36,$Dy_2Fe_{14}B$:5.34)

ジスプロシウムの置換割合は,その磁石の使用環境,とりわけ温度を考慮して行われる.表8.6に,現在市販されているネオジム磁石でのジスプロシウム置換例の一部の特性を示す.ハイブリッド車用のモータには,ジスプロシウムの割合を多くした高い温度でも保磁力H_cの大きい磁石を用いる.MRI用磁石などは,温度は上がらないので,ジスプロシウム少量,ないしはジスプロシウムゼロを採用している.ジスプロシウムは高価なので,置換割合を削減する努力が続けられている.

ネオジム磁石の製造は,①合金作製,②粉末作成,③成形,④焼結,⑤加

表8.5 $R_2Fe_{14}B$(R = Nd, Dy)の磁気特性

	飽和磁化I_s(T)	異方性磁場H_a (MA m^{-1})	最大エネルギー積$(BH)_{max}$ (kJ m^{-3})
$Nd_2Fe_{14}B$	1.55	5.3	509
$Dy_2Fe_{14}B$	0.71	11.9	100

第8章 希土類の応用

表8.6 ジスプロシウム(Dy)置換ネオジム磁石の特性例

重量百分率(%)	近似的な化合物の組成	保磁力 H_c (MA m^{-1})	最大エネルギー積 $(BH)_{max}$ (kJ m^{-3})	用途
Nd(31), Fe(68), B(1)	$Nd_2Fe_{14}B$	0.793	397	MRI, スピーカー
Nd(26), Dy(5), Fe(68), B(1)	$Nd_{1.68}Dy_{0.32}Fe_{14}B$	1.59	317	事務機器用モータ
Nd(21), Dy(10), Fe(68), B(1)	$Nd_{1.35}Dy_{0.65}Fe_{14}B$	2.38	238	ハイブリッド車用モータ

Column 7　　ネオジム磁石の開発

ネオジム磁石は1982年,当時,住友特殊金属に在籍していた佐川真人氏が,$Nd_{15}Fe_{77}B_8$が最大エネルギー積の世界記録272 kJ m^{-3}をもっていることを発見したことにはじまっている.ネオジムの一部ジスプロシウム置換による温度特性の改善も,同氏によってなされた.ほぼ同時期に,アメリカのGeneral Moters(GM)のJ.Croatが,成分金属融体の超急冷法による磁石の特許を出願,成立させており,アメリカではこちらが権利をもっている.わが国およびヨーロッパでは,佐川氏の特許の権利が最強である.

佐川氏は,現在,同氏によって1988年に設立されたインターメタリックス株式会社最高技術顧問である.また,1990年に朝日賞,2012年に日本国際賞を受賞している.

工,⑥表面処理,⑦着磁の工程がある.

合金作製は,主としてストリップキャスト法が用いられている.まず,成分元素を融解して溶湯とし,これを図8.8のように,回転している金属ロール表面に注いで(どろりと流して)急冷・凝固させる.これは,溶湯をそのまま通常冷却すると,軟磁性である鉄がまず析出してくる.これでは保磁力H_cを大きくできないので,急冷して,$Nd_2Fe_{14}B$微結晶を一気に析出させる

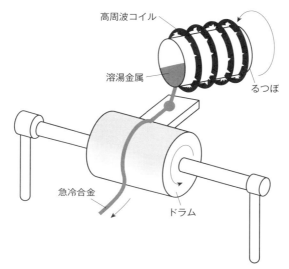

図 8.8　磁石合金ストリップキャスト製造法
加藤宏朗, 杉本 諭,『希土類の材料技術ハンドブック』, 足立
吟也 監修, エヌ・ティー・エス(2008), p.141.

工夫が必要である.

　この磁石成分は, 酸化されやすいネオジムや鉄を大量に含んでいるので, 表面をニッケルメッキして保護している. 着磁では, 5 T 以上のパルス磁場をかけて, 磁石全体が一つの方向の磁気モーメントをもつように, 磁化を飽和させる(図 8.2, 飽和磁化 I_s).

　ネオジム磁石は, 20 kW 級風力発電機に 1.5 kg, 1.5 MW 級ならば 1.5 t, ハイブリッド車に 1 kg, エアコン, 冷蔵庫のコンプレッサーに 70 〜 150 g, エレベータ巻き上げ機に 1.5 〜 3.0 kg など, 大量に用いられている. コンピュータのハードディスクドライブの磁気ヘッド位置決めのボイスコイルモータにも多用されている.

　ネオジム磁石は, わが国では, 2011 年に 11,300 t(世界では 66,000 t), 2013 年に 10,500 t 製造された. 2013 年の世界の生産量は, 現在のところ中国の生産量が不確かなため, 明らかではない.

> **Column 8**　　　　　　　　　　　新しいネオジム磁石化合物の開発
>
> 2014年10月20日に独立行政法人 物質・材料研究機構より，新しいネオジム磁石化合物($NdFe_{12}N_x$)が発表された．この磁石のキュリー点T_cは823 K，飽和磁化は1.66 T，異方性磁場(保磁力に相当)は8 Tである．最強といわれた$Nd_2Fe_{14}B$はキュリー点T_cが586 K，飽和磁化が1.6 T，異方性磁場が7.5 Tであるので，これらの値よりも大きい磁石であった．また，$Nd_2Fe_{14}B$ではネオジム含有量は27%であるのに対し，$NdFe_{12}N_x$では17%程度と少なくて済む．現在のところ，350 nmの厚さの微細な板状結晶であるが，焼結技術が確立されれば，ジスプロシウムを添加しなくても高温で使用できる新しいネオジム磁石にすることができる．
> Y.Hirayama, Y.K.Takahashi, S.Hirosawa, K.Hono, *Scripta Mater.*, **95**, 70 (2015).

8.2.6　ボンド磁石($Sm_2Fe_{17}N_3$)

これまで述べてきた$Nd_2Fe_{14}B$磁石は"焼結磁石"とよばれていて，磁性粉を焼結して固めたものである．これに対し，ボンド磁石($Sm_2Fe_{17}N_3$)とは，優れた磁気特性をもっている$Sm_2Fe_{17}N_3$を，ナイロンやエポキシ樹脂，ゴムなどで固めたもので，成型が自由かつ変形可能な磁石として，重宝されている．

Sm_2Fe_{17}は，このままでは8.2.5項でもふれたNd-Co合金と同じく，面内異方性によりまったく磁石にはならない．これに窒素を導入することで一軸異方性に変わり，大きな磁気異方性を示して，磁石になる．図8.9に結晶構造を示してあり，窒素原子はFe-Fe間に入り，この間隔を広げる役割をもつ．

$Sm_2Fe_{17}N_3$は$Nd_2Fe_{14}B$とくらべて，飽和磁化I_sは匹敵し，異方性磁場H_aは大きく上回る(表8.7)．一方，窒素を多く含んでいるので，高温では分解しやすく，焼結は困難である．そのため先述したように，樹脂で固めて成型

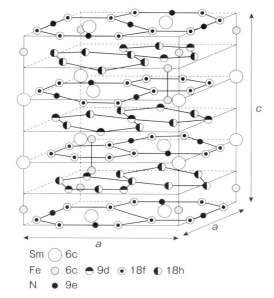

図 8.9　$Sm_2Fe_{17}N_3$ 化合物の結晶構造

俵 好夫, 大橋 健, 『希土類永久磁石』, 森北出版(1999), p.43.

表 8.7　$Sm_2Fe_{17}N_3$ 化合物の磁気特性

化合物	飽和磁化 I_s(T)	異方性磁場 H_a (MAm^{-1})	最大エネルギー積 $(BH)_{max}$ (kJm^{-3})	キュリー点 T_c(K)
$Sm_2Fe_{17}N_3$	1.54	20.7	472	749

している. $Sm_2Fe_{17}N_3$ では, N = 3 と表記されているが, これは理想形であり, 実際に組成を確定することは難しい. そのため, N = x と表されることが多い.

この磁石のもとになる合金粉末はメルトスパン法とよばれている急冷法にて製造されている. これは, 原料合金(Sm_2Fe_{17})を高温にて融解した溶湯を, 回転している冷却した金属ロールの上にノズルから噴射して急冷し, 薄帯状にする方法である. この方法により, Sm_2Fe_{17} 微粉末をつくり, これを 400 ℃程度で窒化後, エポキシ, ナイロン, ゴムなどと混練, 成型して製品

としている．メルトスパン法と，先に述べたストリップキャスト法の違いは，前者では"ノズルから溶湯を噴射する"点にある．

このボンド磁石は形を自由に変えられるので，ほかの部品との一体成型が可能であり，焼結磁石では製造困難な，複雑な形状の用途がある．このボンド磁石には，フェライト磁石粉末や，先述のメルトスパン法による$Nd_2Fe_{14}B$微粉末がおもに用いられている．希土類分度磁石はDVDのステッピングモータ，携帯電話の振動モータ，自動車用スピードメータなど，広範に用いられている．

この希土類ボンド磁石は，2013年にわが国で約900 t，世界で約7,700 t製造されている．

8.2.7　MRI（核磁気共鳴画像）造影剤

永久磁石ではないが，希土類磁性体のユニークな応用としてMRI造影剤がある．

血液，尿，タンパク質などの生体成分の測定，および患部組織の観察にはいろいろな手法が用いられているが，磁気モーメントをもっている希土類錯体が用いられているのは，おもに**MRI**（magnetic resonance imaging；**核磁気共鳴画像**）および蛍光による**イムノアッセイ**（immunoassay）である．

生体内の水素のほとんどは水分子のそれである．同じ組織でも，もし病変などがあれば，そのなかの水のプロトン（^1H）の存在状態は微妙に変化していて，この変化は核スピンの磁気共鳴信号の変化として観測できる．MRIはこの変化の二次元的な，さらには三次元的な分布をモノクローム写真のように画像として表現したものである．

プロトンの核磁気モーメントの方向の分布は，空間的にはあらゆる方向，すなわち"バラバラ"なほうを向いている（エネルギーの低い基底状態にいる）が，外部から大きな磁場をかけると，この外部磁場の方向にそろう（励起された状態になる）．この外部磁場を取り去ると再びバラバラになる．このように励起された状態から基底状態に戻ることを**緩和**（relaxation）といい，励起された状態の数が$1/e$（初期の値の36.8％）になるまでの時間を**緩和時間**

(relaxation time)とよんでいる．当然，存在状態が変化していれば，この緩和時間も変化するので，この緩和時間の変化を観測すれば，組織内の病変などをただちに指摘することができる．

この緩和時間変化の観測はたいへん複雑な操作を要するが，これらの一切をコンピュータで処理して，画像として見ることができるのがMRIなのである．

MRI装置は，超伝導コイルを用いた超強力磁場下で行うものが一般的である．これには冷却機とヘリウム(He)が必要であるので，これらを避けて簡便に使用できるものとして，ネオジム磁石型も普及しつつある．

MRIでは，緩和時間が短いほど濃淡のコントラストが強く表れる．緩和

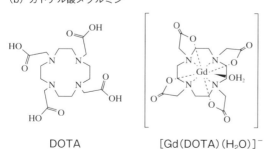

図8.10 MRI造影剤として用いられるGd^{3+}錯体の例
安定度定数(対数表示)．Gd-DTPA：22.1，Gd-DOTA：25.8．
千熊正彦，「MRIイメージング」，足立吟也 監修，『希土類の材料技術ハンドブック』，エヌ・ティー・エス(2008)，p.877．

120　第8章　希土類の応用

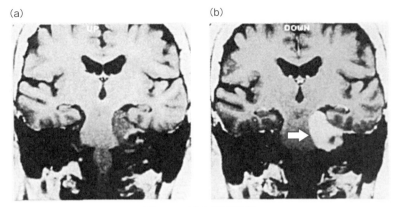

図 8.11 脳の MRI 画像
(a)造影剤未使用，(b)は Gd 造影剤使用．矢印の右の部分の像が白く変わり，患部が容易に判別できる．
千熊正彦，「MRI イメージング」，足立吟也 監修，『希土類の材料技術ハンドブック』，エヌ・ティー・エス(2008)，p.876．

時間を短くする方法の一つに，水溶性の常磁性イオンの錯体を共存させる方法がある．この種の錯体を造影剤とよんでいる．Gd^{3+} は，その 4f 軌道電子 7 個をもっていて，いずれも不対(お一人様)なので，磁気モーメントが大きく，緩和時間短縮に好都合で，造影剤の常磁性体イオンとして，最もよく用いられている．さらに，Gd^{3+} は DTPA や DOTA と安定度定数の大きい(図 8.10)，かつ水への溶解度の大きい錯体を形成し，MRI 観測後はすみやかに体外に排出されるので，体内に蓄積されず，安全である．もっとも，Gd^{3+} そのものは体内の Ca^{2+} との交換などの問題点が指摘されている．しかしここで述べたように，このイオンはきわめて安定であり，水溶性の錯体として存在しているので，健康に害を及ぼす心配はない．

　図 8.11 はガドリニウム造影剤使用の効果を示している．病変箇所(矢印)が白色に変わり，像が鮮明になっていて容易に判別できる．

8.3 希土類発光材料

カラーテレビや蛍光灯が希土類発光材料の活躍の舞台であったが，最近ではその様子が大きく変わりつつある．わが国では，テレビはブラウン管(CRT)から液晶テレビやプラズマテレビへと完全に移行し，また蛍光灯も**LED**(light emitting diodes)電球へと次第に変わりつつある．希土類はなぜ発光材料として有用なのだろうか．ここでも4f軌道が内部にあり，かつこの軌道への電子の充填が不完全であることにもとづいている．その基礎を振り返ってみよう．

8.3.1 励起と発光

ここで述べる発光材料とは，紫外線，電子線，X線などの電磁波を吸収して励起されたときに発光するものである．発光は**ルミネッセンス**(luminescence)ともよばれている．物質が励起の際に吸収したエネルギーは，熱，化学変化，結晶構造の変化，格子欠陥の生成，ルミネッセンスなど，いろいろなかたちで失われてもとの基底状態に戻るが，このなかで，ルミネッセンスの占める割合が多いものが発光材料である．

図8.12に，電磁波を吸収して発光に至るまでどのような過程を経るかを示す．希土類が関係する発光材料は，発光する希土類イオンを母結晶中に薄く，一般に原子比で2〜3%以内の濃度で均一に分布させた材料である．励起エネルギーを供給する電子線や紫外線などの電磁波は，まず①母結晶に吸収され，次に②エネルギー移動とよばれる過程で，発光イオンである希土類イオンにこのエネルギーを与える．この結果，希土類イオンはその励起準位 E_2 に励起される．この励起されたイオンは，熱としてエネルギーを失い，準位を下げて発光準位 E_1 に至る．この過程を③緩和あるいは失活という．励起エネルギーは熱エネルギーとして失われる割合が一番多い．緩和では，可視光ではなく，熱としてエネルギーを失うのであるから，このエネルギーは母結晶の格子振動の運動エネルギーとして消費される〔**無放射遷移**(radiationless transition)〕．発光準位からは，④光を出して，エネルギー

122　第8章　希土類の応用

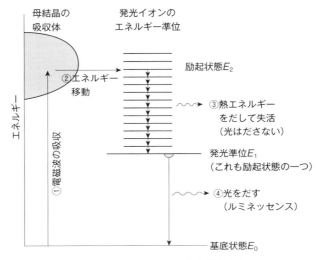

図 8.12　励起と発光の基本的な過程
足立吟也, 化学と教育, **38**, 386(1990).

を放出, すなわちルミネッセンスを起こして基底準位に戻る.

8.3.2　なぜ発光材料に希土類イオンが用いられるのか

　繰り返すが, ここでも 4f 軌道が内部にあり, かつこの軌道への電子の充填が不完全であることが重要である.

　先に述べたように, 励起エネルギーは熱として失活する割合が多い. よって効率のよい発光材料を得るには, この割合を少なくし, そのぶんルミネッセンスの過程にまわすことが必要である. 希土類イオンの発光効率が大きいのは, まさに熱としての緩和の割合が小さいからである. これはどのように理解されているのだろうか.

　図 8.13 は, 母結晶から発光イオンにエネルギーが移ってからの変化を示したものである. 励起エネルギーは発光イオン全体に与えられるが, 核は電子よりはるかに重いので, 核が振動をはじめる前に軽い電子が励起状態にのぼってしまう. すなわち, 電子状態の変化の速度は, 核の振動状態の変化の速度よりはるかに速い. これは**フランク・コンドンの原理**(Franck-Condon principle）とよばれている．図8.13(a, b)で，基底状態 A の準位から励起状態 B の準位まで，垂直に跳躍しているのがそれである．

図8.13(a)は希土類イオンのように発光するイオンの場合である．励起状態のポテンシャル曲線は，基底状態より右に少しずれただけで，励起状態と基底状態のポテンシャル曲線の交点Sは，励起状態Bの準位よりはるかに"高い"位置にある．励起状態から基底状態へ，"下"におりる場合，その経路として，①振動している状態 B-B′ の準位から，さらに"上"の"高い"Sの状態までエネルギーを使ってのぼって，基底状態のポテンシャル曲線に乗り換える．

もう一つは，②励起直後の状態 B-B′ から母結晶に熱エネルギーを与えつつ，準位が下がり，状態 C に至って，ここから基底状態 D に"飛びおりる"経路である．この，飛びおりる際に，電磁波（可視光）として，外部にエネルギーを放出する．すなわち"発光"するのである〔**放射遷移**（radiation transition）〕．さらにエネルギーを投入して"上"のSにのぼらなくてよい

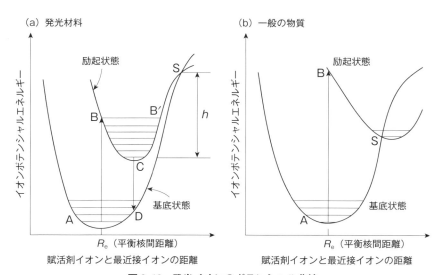

図8.13　発光イオンのポテンシャル曲線

(a) 発光材料の場合．基底状態と励起状態のポテンシャル曲線の交点 S は高い位置にある．(b) 一般の物質の場合．基底状態と励起状態のポテンシャル曲線の交点 S は低い位置にある．

から，あきらかに②のほうが有利である．すなわち，希土類をはじめとする発光イオンはこの②のような関係になっている．

発光しない一般の物質の場合，図8.13(b)のポテンシャル曲線になっていて，励起されて状態Bにのぼる．この励起状態Bの準位は，はじめから交点Sより高い位置にあるので，励起後の最初の振動で，そのまま基底状態に移ることができる．すなわち，図8.13(a)にあった状態C-Dの段差がなく，格子振動を誘発しただけでは，電磁波を発することができない．

希土類イオンのポテンシャル曲線は図8.13(a)のようになっていて，このイオンは効率のよい発光中心になっている．ユウロピウムイオン(Eu^{3+})を代表例とする希土類イオンの発光は，4f軌道内の励起と緩和，すなわちf-f遷移とよばれる現象である．その4f軌道電子が不完全充填で，内部にあることに起因している（図2.2参照）．4f軌道電子が励起されても，外側を$5s^25p^6$電子雲で囲まれていて，外部との相互作用が少ない．また，励起状態のポテンシャル曲線はあまり右にずれず，交点Sは高い位置にある．そのため，励起状態から基底状態への遷移の活性化エネルギーに相当する"h"が大きく〔図8.13(a)〕，励起エネルギーを熱として格子振動に渡す割合は少ない．励起状態での振動の中心が，外にずれないことが肝要であり，希土類イオンはこの性質をもっているので，発光効率が大きくなる．4f-4f間遷移の発光スペクトル幅が小さく，線状になること，およびそのエネルギー（波長）が，化合物や結晶構造が異なっても変化しない理由もここにある．

8.3.3 照明用発光材料

電気照明には，白熱電球，蛍光灯，およびLED電球がある．わが国ではすでに白熱電球の製造は終了し，蛍光灯もLED電球へと次第に置き換えられつつある．これは，LED電球の寿命がきわめて長大であることに加え，蛍光灯の蛍光体発光は紫外線励起しなければならず，そのためには有害な水銀蒸気を用いる必要があるからである．とはいっても，効率のよい蛍光灯システムは依然として根強い需要があり，2013年のわが国での蛍光ランプの生産量は1.74億個であった．蛍光灯の蛍光体の使用量は1個当たり約6gで，

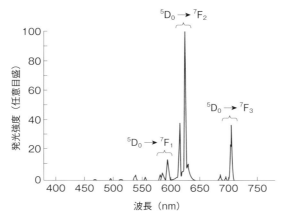

図 8.14　$Y_2O_2S : Eu^{3+}$ 中の Eu^{3+} スペクトルの例
陽イオン比：$Eu^{3+} 0.035, Y^{3+} 0.965$.

希土類イオンが発光中心として用いられている．また，LED 発光の白色化にも希土類が不可欠である．

表 8.6 は，現在用いられている蛍光ランプ用蛍光体の一覧である．原則として，青色，緑色，赤色の三原色を発光させるものである．現在，一般的に用いられているのは，青色では $BaMgAl_{10}O_{17} : Eu^{2+}$ (BAM)，緑色では $LaPO_4 : Ce^{3+}, Tb^{3+}$ (LAP)，赤色では $Y_2O_3 : Eu^{3+}$ (YOX) である．

図 8.14 は赤色発光体の一つ，$Y_2O_2S : Eu^{3+}$ のスペクトルである．これは 3 価の Eu^{3+} の典型的な f-f 遷移の鋭い線スペクトルを示している．

これに対し $BaMgAl_{10}O_{17} : Eu^{2+}$ (BAM) では，2 価 Eu^{2+} の青 (440～470 nm) の幅広い発光である．これは，図 8.15 から明らかなように，Eu^{2+} の励起状態は $4f^7$ の電子 1 個が 5d 軌道に励起された $4f^6 5d$ で最外側にあり，結晶場の影響もうける 5d 軌道が混じっていて，幅広なエネルギー帯になっているからである (f-d 遷移)．3 価の Ce^{3+} の発光も，青色から黄緑色であるが，こちらも外側の 5d 軌道からの幅広いスペクトルの発光である．4f-4f 遷移のスペクトルが線状であることに対し，f-d 遷移が幅広であることに注意しよう．

照明システムは，ランプ寿命の長大化などの利点から，蛍光灯から LED

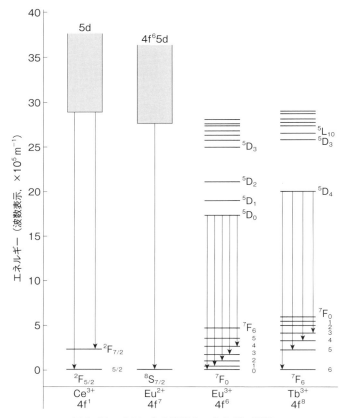

図 8.15 イオン内の発光のエネルギー遷移

利用に変わりつつある.このシステムはLED(InGaN)の青色光に,補色の黄系統の発光を混ぜて,白色光とするものである.図8.16に概略を示したが,青色LEDと$Y_3Al_5O_{12}$:Ce^{3+}のCe^{3+}を励起した黄色を合わせて,白色を得ている(カラー口絵も参照).この黄色を$La_3Si_6N_{11}$:Ce^{3+}とすれば,高温になっても発光強度が減少しない.

赤色には$CaAlSiN_3$:Eu^{2+},緑色には$\beta SiAlON$:Eu^{2+}〔緑色ベータサイアロン(サイアロンとはSi_3N_4・Al_2O_3を主とする化合物)〕を用いて,それらと青色LEDを組み合わせた暖色系白色LEDの提案もある.

8.3 希土類発光材料

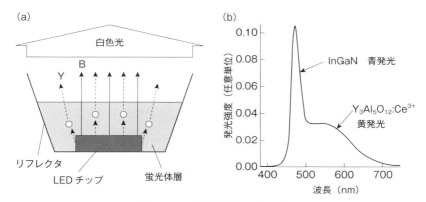

図 8.16 白色 LED の構成 (a) と発光スペクトル (b)

LED：InGaN〔B(blue)，青発光〕，蛍光体：$Y_3Al_5O_{12}$：Ce^{3+}〔Y(yellow)，黄発光〕．
國本 崇，『希土類の材料技術ハンドブック』，足立吟也 監修，エヌ・ティー・エス(2008)，p.80．

表 8.6 蛍光ランプ用蛍光体

発光色	発光波長域	蛍光体	主波長(nm)
青	440 ～ 470 nm	$(Sr, Ca, Ba)_{10}(PO_4)_6Cl_2$：$Eu^{2+}$	453
		$BaMgAl_{10}O_{17}$：Eu^{2+}	452
		$(Ba, Sr)MgAl_{10}O_{17}$：Eu^{2+}，Mn^{2+}	455(Eu^{2+}) 515(Mn^{2+})
緑	505 ～ 535 nm	$Ce(Mg, Zn)Al_{11}O_{19}$：Mn^{2+}	517
		$ZnSiO_4$：Mn^{2+}	525
黄緑	540 ～ 560 nm	$LaPO_4$：Ce^{3+}，Tb^{3+}	545
		$CeMgAl_{11}O_{19}$：$(Ce^{3+})Tb^{3+}$	545
赤	600 ～ 620 nm	Y_2O_3：Eu^{3+}	611
深赤	625 ～ 660 nm	Y_2O_2S：Eu^{3+}	627
		$CeGdMgB_5O_{10}$：Mn^{2+}	628
		$3.5MgO・0.5MgF_2・GeO_2$：Mn^{4+}	655

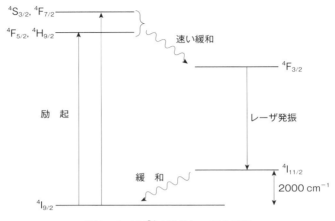

図 8.17 Nd^{3+} 4 準位レーザの発光

8.3.4 ディスプレイ用発光材料

わが国では,ブラウン管式のカラーテレビの製造は終了し,現在は薄型の液晶テレビが主流となり,一部でプラズマテレビが製造されている.

液晶テレビは,バックライトとよばれている光源より発せられる光を,液晶により部分的にさえぎったり,透過させたりしたのち,赤色,緑色,青色のカラーフィルターを通過させて,画像を表示している.これの光源の一つは,冷陰極管(CCFL)が用いられ,内部で発生される紫外線により,蛍光体を発光させて光源としている.この蛍光体には 8.3.3 項の前半で述べた赤色〔Y_2O_3:Eu^{3+}(YO)〕,緑色〔$LaPO_4$:Ce^{3+},Tb^{3+}(LAP)〕,青色〔$BaMgAl_{10}O_{17}$:Eu^{2+}(BAM)〕が用いられている.もう一つの方式は,先述した白色 LED の発色である.現在では後者が主流である.

プラズマテレビは,2 枚のガラス板の間に封入したキセノンに高い電圧をかけて,147 nm の紫外線をださせ,光の三原色蛍光体を発光させる表示装置である.赤色は $(Y,Gd)BO_3$:Eu^{3+}(YGB),緑色は Zn_2SiO_4:Mn^{2+}(ZSM),青色は $BaMgAl_{10}O_{17}$:Eu^{2+}(BAM)が,一般的に使われている.赤色の YGB はガドリニウムを用いるなどやや特殊であるが,これは放電の際の劣化が少

ないという特徴をもつ．

ユーロ紙幣では偽造防止のために，紫外線照射で，赤色，緑色，青色の三色を発する化合物が使用されている．赤色は Eu^{3+} の β-ジケトナト錯体，緑色は2価の Eu^{2+} をドープした $SrGa_2S_4$，青色も2価の Eu^{2+} をドープした $BaMg_2Al_{16}O_{27}$（マグネトプランバイト構造）が用いられているらしいが，詳細は明らかにされていない．

2013年1月に制定・調印された"水俣条約"で，2020年には水銀（Hg）を用いた製品の輸出などが禁止されるので，蛍光灯および蛍光体の製造にも影響があることが予想される．

8.3.5 レーザ材料

物質中では原子またはイオンがあるエネルギー準位を占める割合は，熱平衡の状態ならばボルツマン分布に従う．この準位が上（励起状態）のほうが下のほうよりも少ない．この分布が逆転し，上にある数の方が多い場合を反転分布とよぶ．

反転分布状態で，上下のエネルギー差に等しい電磁波を照射すると，これが刺激となって，上の準位から下の準位に落ちて反転分布は解消されるが，この際，位相のそろった電磁波，すなわちレーザ光が発射される．これを誘導放出とよぶ．また，その強度は照射した電磁波の強度に，上の準位から下に落ちたイオンの数に関係する強度が加わる．すなわち，強度の増幅が行われる．

最もよく用いられているレーザの一つは，$Y_3Al_5O_{12}:Nd^{3+}$ で YAG レーザとよばれている．Y^{3+} の1%程度の Nd^{3+} がドープされており，Nd^{3+} の反転分布状態を利用している．図8.17にその機構を示した．

基底状態 $^4I_{9/2}$ から，励起状態 $^4F_{5/2}$，$^2H_{9/2}$，$^4F_{7/2}$，$^4S_{3/2}$ に励起され，つづいて $^4F_{3/2}$ に緩和されたのち，$^4I_{11/2}$ への遷移の際にレーザ発振する．図で示した $^4F_{5/2}$ などの四つの励起状態から $^4F_{3/2}$ への緩和の速度は速く，準位 $^4F_{3/2}$ での滞留が多くなる．$^4I_{11/2}$ は基底準位 $^4I_{9/2}$ の J だけが異なる励起状態で，熱的には占有されず，仮にここにとどまったとしても，すみやかに基底準位 $^4I_{9/2}$

に緩和されるので占有率"ゼロ"で，$^4F_{3/2}$ と $^4I_{11/2}$ との間で常に反転分布が実現していて連続したレーザ発振が可能である．基底状態 $^4I_{9/2}$ で一個，励起状態 $^4F_{5/2}$, $^2H_{3/2}$, $^4F_{7/2}$, $^4S_{3/2}$ を1個の準位と数え，$^4F_{3/2}$ と $^4I_{11/2}$ で計4個，すなわち4準位レーザとなっている．発振波長は 1.06 μm で赤外線である．

典型的な YAG 素子は数 cm の長さのロッドで，その両端面はそれぞれ内向きに向かい合った鏡になっているが，その一方は部分的に光を通すこともできる半鏡にしてある．この YAG 素子をハロゲンランプで周囲から照射して励起する．出力は 100 W 程度のものが多い．狭い範囲を急速に高温にできるので，溶接機，加工機，医療に用いている．

エルビウムイオン(Er^{3+})のレーザ発振は光ファイバ通信での光増幅に重要である．現在，用いられている石英系光ファイバの，光の吸収で光の強度が減少する伝送損失はきわめて小さく，常用されている波長 1.55 μm 帯での損失は -0.15 dB km^{-1} で，これは光がファイバ中を 20 km 進んで，光の強度がはじめの 50% に減少するという意味である．この値は，石英ファイバとしてはほぼ極限に近い値であるが，それでもこのような減少があるので，長距離通信には，途中での増幅が不可欠であり，それには Er^{3+} のレーザ発振が用いられている．

✓ Check　デシベル（dB）

初強度 I_0 が I に変化したとき，$10\log_{10}(I/I_0)$ として定義している．この値が正の場合は増幅，負の場合は減衰である．光ファイバシステムでは，常に減衰が問題になるので，負記号を省略する．ある距離 d km だけ進んだとき，強度 I になったとすれば，減衰（損失）L は $L = 10\log_{10}(I/I_0)/d$ と表せる（単位は dB km^{-1}）．$L = 200$ dB km^{-1} では，1 km 進むとはじめの強度の $1/10^{20}$ になる．

図 8.18 は Er^{3+} イオンのエネルギー準位を示したものである．半導体レーザダイオードで励起可能な 0.98 μm ($^4I_{15/2} \sim ^4I_{11/2}$) および 1.48 μm ($^4I_{15/2} \sim$

8.3 希土類発光材料

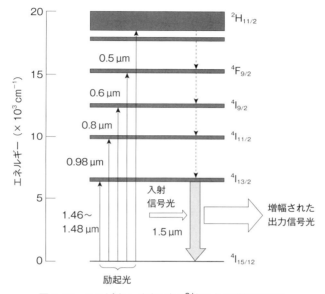

図8.18 エルビウムイオン(Er^{3+})による増幅の原理

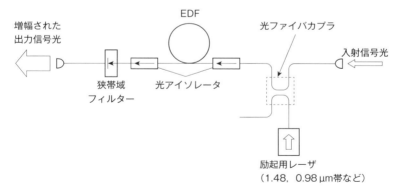

図8.19 エルビウムドープドファイバ(EDF)による光増幅システム
EDF：erbium doped fiber の略号.

$^4I_{13/2}$)の光で,信号光と同波長の 1.55 μm を発生させ,この強度を信号の強度に上乗せして増幅する.図 8.19 はこの原理を用いた増幅システムである.光カプラで,外部から先に述べた励起光を Er^{3+} をドープした石英ファイバ(erbium doped fiber;EDF)に照射して増幅が行われる.ファイバの接続部では常に反射を発生するが,これも信号強度を弱めるので,この反射光を遮断するために光アイソレータを備えている.この光アイソレータも希土類を用いた材料で,イットリウム鉄ガーネット($Y_3Fe_5O_{12}$ YIG)やテルビウム・ビスマス鉄ガーネット($Tb_{2.13}Bi_{0.87}Fe_5O_{12}$ TbIG)が用いられている.

8.3.6 イムノアッセイ

　患者はもちろん,健常者の健康診断のための血液,尿,その他の生体成分の測定では,抗原-抗体反応観測の補助に,希土類錯体の発光を用いたイムノアッセイが効果的である.抗原あるいは抗体と希土類錯体との複合体を形成させ,この複合体の濃度を蛍光強度からもとめて,もとの抗原の濃度を算出するのである.この方法は感度が高く,覚醒剤の検出も 1 pg mL^{-1} の濃度まで行うことができる.

　水溶液中の希土類イオンの発光は,励起エネルギーが水分子の OH 基の振動に吸い取られてしまい,それほど強くないが,錯体にすると配位子が励起エネルギーを効果的に吸収し,中心に置かれている希土類イオンに伝達されるので,強度の大きい蛍光を発する.また,この錯体の蛍光寿命が 1 ms 程度と長いので,共存しているほかの物質,たとえばヘモグロビンでは蛍光寿命が 3.0×10^{-9} s とすぐに減衰するので,しばらく時間を置けば妨害にはならず,希土類錯体の蛍光のみを精度高く測定できる.この時間を置いて,あるいは時間を区切って測定する方法を**時間分解蛍光イムノアッセイ**(time resolved immunoassay)とよんでいる.

　まず,あらかじめ試料容器表面に,測定したい抗原に対応する抗体を形成させておく(固相化抗体).これに試料を接触させると,この抗体に抗原が結合する.この抗原にさらに Eu^{3+} N1-(p-イソチオシアネートベンジル)ジエチレントリアミンテトラ酢酸錯体を結合させた抗体(Eu-標識抗体)を結合さ

せる．試料溶液中で，抗原はすべて Eu^{3+} 錯体（Eu-標識抗体）と結びついて，さらに固相化抗体とも結びついているので，水で洗い流すなどすれば，ほかの成分は容易に分離，除去できる〔図 8.20(a)〕．

Eu^{3+} の量は，測定したい抗原の量に比例しているが，この状態ではまだ強い蛍光を発することはできない．そこで，Eu^{3+} を解離させ，β-ナフチルトリフルオロアセチルアセトン（β-NTA）錯体にして，さらに界面活性剤で取り囲んでミセルとし，蛍光測定を行う〔図 8.20(b)〕．

パルス励起光を照射して 400 µs 経過後，613 nm 発光強度を 800 µs まで

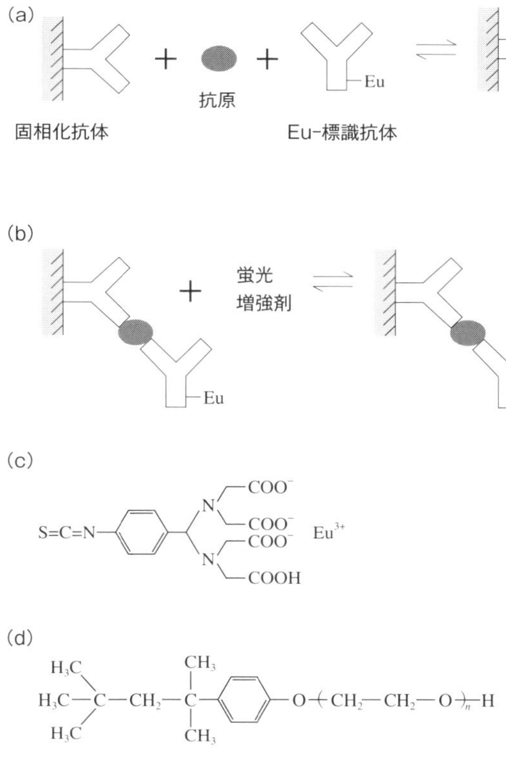

図 8.20 時間分解蛍光イムノアッセイの概念図

(c) 標識用 Eu^{3+} 錯体，(d) 蛍光増強剤．
辻 章夫，「臨床診断への応用」，足立吟也 編著，『希土類の科学』，化学同人(1999)，p.837．

計測する.この計測を数十回繰り返し,積算してミセルの強度とする.この強度が測定したい抗原の量に比例しているのである.パルス照射から計測を開始する 400 μs までに,共存しているほかの成分の蛍光は減衰してしまっているので妨害にならない.

8.4 化学的性質・イオン半径が重要な材料

希土類の最も重要な性質の根源が,内部にある不完全充填の 4f 軌道電子にあることを繰り返し述べてきたが,これがすべてではない.外側にある完全充填の $5s^25p^6$ 軌道電子もまたきわめてユニークである.その一つはイオン半径で,すでに図 2.4 に示したが,17 個の +3 価の全希土類イオンのイオン半径が,わずか 0.03 nm の範囲に収まってしまうことがある.もう一つは一部の元素を除き,+3 価が安定なことである.この特徴を生かして,結晶の一辺の大きさや分子の大きさを,希土類元素の種類を替えて少しずつ変化させ,最適の構造にすることができる.

8.4.1 水素吸蔵合金

水素吸蔵合金とは,水素を大量に取り込んで蓄えることができるのみならず,容易に取りだせて働かせることができる合金のことである.希土類金属は水素と反応して,水素化物を形成しやすい.この場合,水素は陰イオン(ヒドリドイオン;H^-)として存在し,希土類イオンと強く結合しており,この水素を取りだすのは容易ではない.よって,このままでは利用することは困難である.

一方,遷移金属はあまり水素を吸収せず,希土類-遷移金属の合金は,大きな水素吸蔵能と適度な温度での水素の放出を行うので,水素吸蔵合金として優れた性質を示す.たとえば,LaH_2 の標準生成エンタルピーは −209 kJ mol^{-1}H$_2$ と大きな発熱で,安定な化合物を生成していることがわかる.一方,$LaNi_5H_6$ は式 8.2 にも示したように −30 kJ mol^{-1}H$_2$ と小さな発熱で,それほど安定ではなく,容易に吸蔵した水素を放出することができ

8.4 化学的性質・イオン半径が重要な材料

> **Column 9**　　　　　　　　　　　　　　　　　　**LaNi₅ 発見秘話**
>
> $LaNi_5H_6$ の単位体積当たりの水素濃度はたいへん大きい．標準状態の水素ガスでは，1 cm³ 当たりの原子数を 10^{22} 個を単位として数えると 5.4×10^{-3}，150 気圧の水素ボンベ 0.8，20 K の液体水素 4.2 であるのに対し，$LaNi_5H_6$ では 6.2 で，純粋な液体水素の場合より 50% も多い．
>
> 　この合金が発見されたのは，8.2.4 項で触れた $SmCo_5$ 磁石の開発の際である．この合金の表面を酸で洗浄すると，発生した水素を多く吸収し，磁力が減少するので，その原因を水素の挙動から NMR を用いて究明しようとした．測定を容易にするため，同じ結晶構造で非磁性の $LaNi_5$ を合成し，水素を吸収させたところ，上述のように，大量の水素を吸収することがわかった．これは 1968 年，オランダのフィリップス社の H. Zijlstra，F. F. Westendorp の両氏の発見である．

る．これは，La–H の結合は強く，Ni–H の結合は弱いからである．

　$LaNi_5$ は，ここで学ぶ水素吸蔵合金の基本的物質である．水素を大量に吸収して，数気圧の圧力をかければ組成が $LaNi_5H_6$ にまでになることが知られている．

$$LaNi_5 + 3H_2 \underset{\text{(放出：吸熱)}}{\overset{\text{(吸蔵：発熱)}}{\rightleftarrows}} LaNi_5H_6 + 30.1 \text{ kJ mol}^{-1}\text{H}_2 \quad \cdots\cdots(8.2)$$

　この水素吸蔵反応は可逆的なので，水素吸蔵時は発熱，放出時には吸熱が起こる．

　$LaNi_5$ の結晶構造（六方晶系：$P6/mmm$）を図 8.21 に示す．吸蔵された水素の占める位置も示したが，これには 2 種ある．すなわち，2 個のランタン原子と 2 個のニッケル (Ni) 原子で囲まれた四面体位置，および 4 個のニッケル原子と 2 個のランタン原子で囲まれた八面体位置である．水素原子がすべてのこれらの位置に入ると，$LaNi_5H_6$ の組成になる．

　図 8.22 は $LaNi_5$ の水素化物の組成（水素含有量）と，解離圧ともよばれる

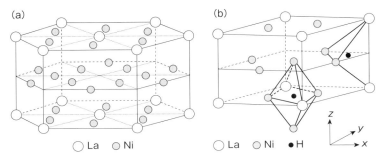

図 8.21 LaNi$_5$ の結晶構造
(a)LaNi$_5$, (b)LaNi$_5$ における H の位置を示した構造.

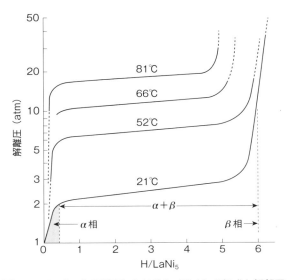

図 8.22 いくつかの温度における LaNi$_5$H$_x$ の組成と解離圧

α 相は LaNi$_5$ に水素が固溶した相. β 相は α 相の水素置換可能位置のすべてに水素が入っていて，その組成は LaNi$_5$H$_6$. α + β は両相平衡. (1 気圧 = 1.013×10^5 Pa ≈ 0.1 MPa.)
H.H.van Mal, *Philips Res. Rep.*, Supplement, **1**, 67(1976).

その水素化物と平衡にある水素の圧力との関係を温度を変えて調べた結果である．この図のデータは，LaNi$_5$ が水素の吸蔵も放出も温和な条件で可能で

あることをはじめて示した歴史的な報告の一部である．

組成 $H/LaNi_5 = 0 \sim 0.5$ 付近まではα相，$H/LaNi_5 = 5$ 以上の範囲はβ相とよばれ，α相とβ相の間の平坦な部分は両相共存領域で"プラトー"とよばれている．21℃で見ると，わずか2〜3気圧程度の加圧で水素が$H/LaNi_5 = 5.5$ まで吸蔵－放出されているし，わずかに温度を上げるだけで放出速度を大きくすることもできる．水素吸蔵量,解離圧および放出速度は，次に述べる二次電池の負極として最も重要な特性である．

$LaNi_5$の最も輝かしい用途は二次電池の負極（一般に，MまたはMHと表記している）においてである．この電池はニッケル水素電池とよばれている．ただし，実用的には純粋なランタンではなく，ミッシュメタル（Mm；主として軽希土の混合金属セリウムが40〜50%程度含まれている）を用い，ニッケルの一部をマンガン（Mn），アルミニウム（Al），コバルト（Co）で置換している．これは，第一に金属の価格の問題であり,つぎに水素放出特性(解離圧)の最適化の結果である．

この負極の充放電時の反応は次の8.4.2項で表されるが，反応で変化しているのはKOHを溶かした電解液中の"水（H_2O）"で，充電時には電気化学的還元反応で，水素原子（H）と水酸化物イオン（OH^-）を生成し，生成したHはただちに負極Mに吸蔵されてMHとなる．

$$M + H_2O + e^- \underset{(放電：放出)}{\overset{(充電：吸蔵)}{\rightleftarrows}} MH + OH^- \quad \cdots\cdots\cdots\cdots\cdots (8.3)$$

放電時はこの逆で，水酸化物イオン（OH^-）は，負極MH中の水素原子（H）を酸化してH_2Oになると同時に外部（端子）に電子e^-を放出し，負極はMに戻る．

正極には水酸化ニッケル〔$Ni(OH)_2$〕が用いられ，その反応を次に示した．

$$Ni(OH)_2 + OH^- \underset{(放電：放出)}{\overset{(充電：吸蔵)}{\rightleftarrows}} NiOOH + H_2O + e^- \quad \cdots\cdots\cdots (8.4)$$

全反応

$$\text{M} + \text{Ni(OH)}_2 \underset{(\text{放電}:\text{放出})}{\overset{(\text{充電}:\text{吸蔵})}{\rightleftarrows}} \text{MH} + \text{NiOOH} \quad \cdots\cdots\cdots\cdots\cdots\cdots(8.5)$$

全反応は式 8.5 で,見かけ上,水(H_2O)は現れず,量の増減はない.よって成分の濃度変化もない

ここで述べた原理を図 8.23 に,また電池の基本的な構成を図 8.24 に示す.ポリアミド製の不織布をセパレータとして,その両側にニッケル酸化物正極 Ni(OH)_2-NiOOH と希土類系水素吸蔵合金負極を渦巻状に重ね合わせ,電解液($5 \sim 8 \text{ mol L}^{-1}$ KOH)とともに外装缶に収められている.電池電圧は約 1.2 V,定格容量 1100 〜 1500 mA H,500 回の充放電サイクル,最近では 1800 回サイクル可能の耐久性のあるものも発売されている.

わが国での合金製造量は,2011 年は 8,400 t(うち希土類は 2,700 t),電池個数 3.12 億個,2012 年は 12,000 t(うち希土類は 3,900 t),電池個数 3.77 億個,2013 年は 13,000 t(うち希土類 4,200 t),電池個数 3.83 億の実績である.

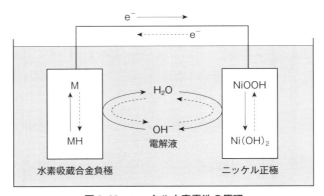

図 8.23 ニッケル水素電池の原理

8.4.2 研磨剤

微細な粉末をこすりつけて,物体表面の凸部を削り取って平坦にする作業を研磨といい,その際に使用する粉末を研磨剤とよぶ.

8.4 化学的性質・イオン半径が重要な材料　139

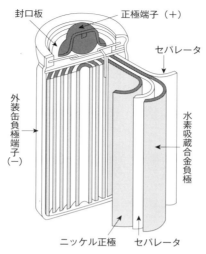

図 8.24　ニッケル水素電池の構成

　現在，精密な表面加工を要する二大分野はガラスと半導体である．ガラスでは，液晶用薄層ガラス，レンズ，光ピックアップ，フォトマスクガラス，磁気ディスクガラス基板などがある．また半導体では，シリコンウエハの表面の超精密仕上げで，デバイスの集積度の向上に不可欠である．また LED では，基板上に GaAs, GaP などを気相から析出させねばならないが，この基板の表面も超精密仕上げが必要である．

　ガラス研磨には，ここで述べるセリア（CeO_2）のほか，ベンガラ（Fe_2O_3），シリカ（SiO_2），アルミナ（Al_2O_3），ジルコニア（ZrO_2），酸化マンガン（MnO_2）も用いられているが，これらのなかでは，セリアが最高の性質をもつといわれている．表 8.8 に，おもな研磨剤の研磨速度をもとにした相対的な性能比較をあげてある．セリアの値が最も大きい．

　セリア研磨剤の特徴は，そのモース硬度が 6.1 で，研磨剤中では小さいものの一つであり，ガラスより少し高めで，かつこの値を微調節できることである．また，粒子径から推定される以上の研磨速度を示す．これは研磨途上でセリア粒子が磨砕され，進行につれて粒子径が小さくなり，活性な表面積

表8.8 各種研磨剤の相対的性能評価

研磨剤	セリア(CeO_2)	アルミナ(Al_2O_3)	ジルコニア(ZrO_2)	シリカ(SiO_2)
研磨速度	100	72	41	18

が増加していくから,と考えられている.

セリア研磨剤はあまりかたくない.よって,"かたいもので削り取る"ということだけでは理解できない.セリアの研磨のメカニズムは,①ガラス表面とセリアの間でCe-O-Si-Oの化学結合が形成されると同時に,ガラス側の表面直下のSi-O結合が弱くなり,ここから切断され,研磨が進行していくという化学的な機構と,②本来の機械的な削り取りの機構との両方で進行していると考えられる.

セリア研磨剤の性能は含まれているCeO_2の含有量に依存しているが,フッ素イオン(F^-)の効果もある.この両者を満足させる原料はバストネサイト〔$R(CO_3)F$〕で,CeO_2とフッ素をそれぞれ50%,および8%程度含有している.この精鉱を若干処理して用いるが,この鉱石にはネオジム,ユウロピウム(Eu)など,より価値のある元素も含有されているので,これらを分離した残りを研磨剤としている.

高品位のセリア研磨剤は,いったん塩化セリウムを経て水酸化セリウムになり,次にこれを焼成してセリアとし,セリアを粉砕して調整している.品位はCeO_2:90〜95%,粒度は1.0〜2.0 μm.これを水に分散してスラリーとしている.

焼成温度と研磨速度には相関関係があって,温度が高いと硬度を増し,研磨速度は大きくなるが,一方,研磨面にキズを生じる危険性も増す.

半導体シリコンウエハの表面仕上げ研磨は,先に述べたように**化学的機械的研磨**(chemical mechanical polishing: CMP)とよばれていて,化学反応によるエッチングと砥粒による機械的研磨を組み合わせた研磨法が適用されている.デバイス作製に際し,配線,相間絶縁膜,配線金属の絶縁層への拡散防止バリアが埋め込まれていて,これらの機能を損なうことなく,高速で平坦化しなければならない.すなわち必要なところのみ研磨し,それ以外は

8.4 化学的性質・イオン半径が重要な材料

削らない選択的研磨がもとめられる．図 8.25 は CMP の基本を図示したものである．

デバイスは，アルカリやハロゲンの汚染を忌避するため，天然鉱石由来の粗分離の酸化セリウムは不適で，高純度酸化セリウムをサブミクロン程度に粉砕し，粒度分布をシャープにしている．$Ce(NO_3)_4$ 水溶液から，NH_4HCO_3 水溶液で，$Ce(HCO_3)_4$ 微粒子を析出させ，噴霧，乾燥，焼成，ジェットミルによる粒度調整をする．CMP スラリーには研磨砥粒のほか，酸化剤，還元剤，キレート剤，防錆剤，pH 調節剤，分散剤などの成分を含んでいる．一般に CeO_2 換算重量百分率で 1% 以下の濃度のスラリーを用いている．セリア（モース硬度 6.1）の研磨速度は 150 nm/min と，ジルコニア（モース硬度 6.7）の 70 nm/min を圧倒している．スクラッチとよばれる大きな砥粒による引っかきキズの発生も少ない．

ガラス関係では，2010 年は 10,000 t，2011 年は 3,000 t，2012 年は 2,000 t，2013 年は 2,800 t の生産量であった．2011 年の落ち込みは，2010 年から始まった中国の輸出制限，およびそれにもとづく価格高騰によるものである．代わって，ジルコニア（ZrO_2）が用いられている．ただし，研磨速度は，先述したように，現在のところやはりセリア（CeO_2）のほうが大きい．そのため，使用済みセリアのリサイクルも行われている．

シリコンウエハなどの半導体デバイス関係では，年間に世界で 600 t，わが国で 200 t 程度の消費量と思われる．

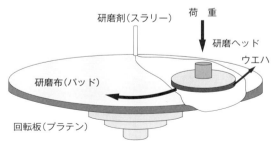

図 8.25 CMP の概念図

玉井一誠，九州大学博士学位論文(2010)，p.6.

8.4.3　固体電解質，燃料電池，酸素センサ
(a)　固体電解質

　塩水が電気を通すことは誰もが知っているだろう．これは，含まれているNa^+，Cl^-などのイオンが，電場のもとで極の方向に移動するからである．同様のイオンの移動現象は，ある種の固体でも起こるが，このような固体は「固体電解質」あるいは「イオン伝導体」とよばれている．固体電解質は，酸素センサや高温燃料電池などでの主たる材料である．では，これらの固体にはどんな特徴があるのか．

　固体中でも，イオンが動けるには，

　　①多量の空格子点があること
　　②平均構造である
　　③トンネル構造か，層状構造か，網目構造かである
　　④非晶質(ガラス)構造である

のいずれかでなければならない．このうち，希土類が関係する固体電解質は①多量の空格子点があることが大切である．

　ジルコニア(ZrO_2)〔酸化ジルコニウム(ZrO_2)〕は高温に加熱していくと，1443 Kで単斜晶系から正方晶系へ，さらに2473 Kでは立方晶系へと相転移するが，これらの転移の際の体積変化によって破壊が起こり，このままでは材料としては利用できない．ところがY_2O_3やCaOを数％〜10％程度固溶させると，高温形である立方晶系(蛍石型)が低温までそのまま保持され，壊れることなく安定化する．この固溶体を安定化ジルコニアとよんでいる．

　この固溶体は，4価であるZr^{4+}を，3価であるY^{3+}や2価のCa^{2+}で置換しているので，そのままでは正電荷が減少する．その調節のためには負電荷も減らさなければならない．この場合，酸化物イオン(O^{2-})の格子欠陥を発生させて対応している．

　図8.26は，ジルコニア〔酸化ジルコニウム(ZrO_2)〕に酸化イットリウム〔イットリア(Y_2O_3)〕を固溶させたもので，安定化ジルコニアとよばれているものの模式図である．イットリアの濃度に応じてO^{2-}の格子欠陥を生じて

8.4 化学的性質・イオン半径が重要な材料

> **✓ Check 平均構造**
>
> α-AgI の単位格子中には，Ag^+ が存在できる等価な位置は 42 個所ある．実際にこの格子中にいるのは，2 式量の AgI のみである．42 個所は，一帯であたかも川の流れのようにつながっていると考えてよい．この川のなかでは，Ag^+ はどこにいても位置のエネルギーが同じであるので，容易に移動できる．つまり，2 個の Ag^+ は 42 個所の位置に統計的に分布している．このような構造を"平均構造"とよんでいる．

いるが，この格子欠陥に向けて隣の O^{2-} が移動してくる．すなわち"電荷が移動している"ので電気伝導している．

図 8.27 は同じジルコニアに，同じ濃度で種々の希土類イオンを溶解した場合の酸化物イオン (O^{2-}) 移動にもとづく導電率を示したものである．横軸は各希土類のイオン半径で，導電率とイオン半径の関係が一本の直線で表されるのは興味深い．イオン半径が最も小さい Sc^{3+} の場合の値が最も大きくなっていて，導電率だけでいえば Sc^{3+} が望ましいが，Sc_2O_3 は高価である．希土類イオンのなかでは，Y^{3+} が最もよく用いられるが，これはこのイオン

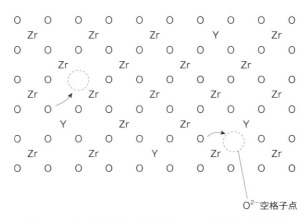

図 8.26 イットリア安定化ジルコニアの格子欠陥模式図
Zr は Zr^{4+} を，Y は Y^{3+} を，O は O^{2-} をそれぞれ表す．

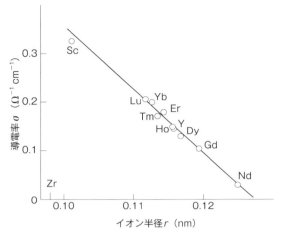

図 8.27　種々の希土類を固溶したジルコニアの導電率
希土類固溶濃度：10 mol%，温度：1273 K．

の導電率が比較的大きいことと，固溶に用いる Y_2O_3 の価格が低廉なためである．

(b)　燃料電池

希土類酸化物系固体電解質の最も注目されている用途は，**高温酸化物型燃料電池**（solid oxide fuel cells；SOFC）の電解質（隔膜，セパレータともよばれている）としてである．

燃料電池とは，①燃料（燃料極）とよばれる負極物質（還元剤，主として H_2）から，燃料極触媒の助けを借りて，電子を取りだして外部で仕事をさせると同時に，生じた陽イオンを正極にて，中性物質（主として H_2O）に変化させて外部に放出する．あるいは②正極（空気極）から正極物質（酸化剤，主として O_2）を，空気極触媒によって陰イオンとし，これを負極に移動させ，負極にて電子を取りだして外部で仕事をさせると同時に，中性物質に変化させて外部に放出する化学反応機構である．ここで取りあげる SOFC は②に依っている．固体電解質は，電池内部では両極を電子的には完全に遮断すると同時に，陽イオンあるいは陰イオンのみを容易に移動させることがもとめ

られていて，SOFCでは酸化物イオン(O^{2-})を運ぶイットリア安定化ジルコニアが最も広く用いられている．

図8.28はSOFCの模式図である．空気極(正極)では，空気中の酸素分子は(La, Sr)MnO_3触媒によって，酸化物イオン(O^{2-})に還元され，次いで固体電解質中を移動して，燃料極(負極)に至り，燃料である水素と，ニッケル触媒のもとで反応してH_2Oと電子e^-を生じる．この電子は外部に導かれ仕事(図で抵抗と表示)をする．全体として

$$O_2 + 2H_2 \longrightarrow 2H_2O \quad \cdots\cdots\cdots(8.6)$$

この反応の標準ギブズエネルギー変化$-\Delta G_0$は$-474.2 \text{ kJ mol}^{-1}$であるので，この電池の標準状態(25℃)での起電力E^0は次式

$$E^0 = -\Delta G_0/nF \quad \cdots\cdots\cdots(8.7)$$

より，$E^0 = 1.23$ V(理論値)．ただしnは反応電子数(式8.6の場合は4)，Fはファラデー定数で$96.485 \text{ kC mol}^{-1}$〔Cは電気量(クーロン)〕．ある1000℃運転のSOFCの実測では，電流密度400 mA cm^{-2}でセル電圧(端子電圧)は0.72 Vであった．

SOFCの発電効率は45％，これにガスタービンを後続させたシステムを

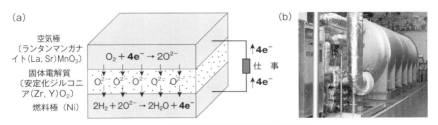

図8.28　固体酸化物型燃料電池の模式図
(a)燃料極触媒：Ni，空気極触媒：(La,Sr)MnO_3．(b)200 kW級SOFC発電システム(三菱重工株式会社)．

合わせると63%,さらにSOFCは1000℃程度の高温で運転されるので,その廃熱利用も含めれば70%を超す効率を示す.

SOFCのシステムには固体電解質および空気極のほか,希土類材料として,セル間を高温でも電子伝導で電気的に接続できるインターコネクタとしてのLaCrO$_3$が用いられている.

(c) 酸素センサ

気体の酸素濃度を最も簡便に測定する一つの方法は,ここで述べる固体電解質を用いた酸素分析計を用いることである.ここでは酸素の濃淡電池を構成し,その起電力から濃度を知ることができる.

濃淡電池の起電力 E は次のネルンストの式で表される.

$$E = (RT/nF)\ln(P''_{O_2}/P'_{O_2}) \quad \cdots\cdots\cdots\cdots\cdots\cdots\cdots\cdots (8.8)$$

R は気体定数,T は絶対温度,F はファラディ定数,n は反応に関与する電子数でこの場合4,P'_{O_2},P''_{O_2} はそれぞれ測定すべき酸素分圧(たとえば排気ガス中),基準としている大気中の酸素分圧(たとえば大気中の体積百分率

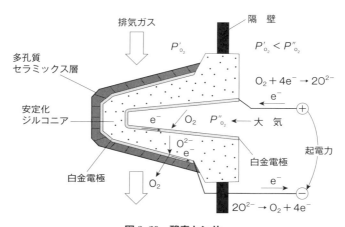

図 8.29 酸素センサ

足立吟也,島田昌彦 編,『無機材料科学』,化学同人(1982).

21%)である.

図8.29は自動車排ガス中の酸素分圧測定用センサの構成を示したもので,両極の触媒には白金を用いている.このセンサは次で述べる自動車排ガス浄化触媒の条件最適化も用いられている.

8.4.4 自動車排ガス浄化触媒

自動車の排ガスには,二酸化炭素(CO_2),水蒸気(H_2O)のほか,炭化水素(hydrocarbon; HC),一酸化炭素(CO),および窒素酸化物(NO_x)が含まれている.よって,これら三成分を同時に,それぞれ$CO_2 + H_2O$,CO_2,およびN_2に変換して浄化する触媒(三元触媒)が開発され,搭載されている.

三元触媒は,Fe-Cr-Al-La耐熱ステンレス鋼多孔質担体表面に白金(Pt),パラジウム(Pd),ロジウム(Rh)などの貴金属主触媒と,これを助ける助触媒を坦持して構成されている.この助触媒はAl_2O_3とCeO_2-ZrO_2固溶体との複合体で,高価なこれら貴金属使用量を低減することができる.また,含まれているCeO_2は,次式のごとく酸素放出および吸蔵によって,排ガス中の酸素分圧の変化に対する緩衝作用をもたらしている.これによって燃料と空気の重量比(空燃比)は,浄化作用に最も好ましい一定の値14.6(理論値)に保たれている.

$$CeO_2 + CeO_{2-x} \rightleftarrows x/2\, O_2 \quad\cdots\cdots\cdots\cdots\cdots\cdots\cdots\cdots\cdots\cdots\cdots\cdots (8.9)$$

図8.30は空燃比と浄化率の関係を示したもので,図中の"ウィンドウ"とは,三成分ともに効果的に浄化される空燃比の範囲である.8.4.3項で述べた酸素センサを用いて,排ガス中の酸素濃度が絶えず測定されていて,上記の空燃比を保つようエンジンを制御している.

理論空燃比14.6より小さい範囲はリッチバーンとよばれ,燃料が過剰に噴射されていてHCやCOの濃度が大きい.また,この比より大きい範囲はリーンバーンとよばれ,空気過剰でNO_x濃度が大きい.理論空燃比14.6で三成分の合計残存濃度は極小になる.

148　第8章　希土類の応用

　ここで用いられている CeO_2-ZrO_2 固溶体は，重量百分率で CeO は 230％，ZrO は 270％のものが多く，各種あわせて世界で年間 8,000 t の生産と推定されている．

　この浄化触媒の主たる働きは Al_2O_3 に担持された白金，パラジウム，ロジウムが担っており，リッチバーン⇔リーンバーンを繰り返していくうちに，これら金属が 120 nm 程度の粒径にまで凝集し，触媒能が減少していく．ところが，これら金属を $LaFe_{0.57}Co_{0.38}Pd_{0.05}O_3$ のように，ペロブスカイト型ランタン複合酸化物構造の一成分としてしまうと，ほとんど凝集は認められず，触媒能も高いまま維持される．このような触媒は"インテリジェント触媒"とよばれている．

　希土類イオンは，ほとんどの遷移金属イオンとペロブスカイト型複合酸化物を形成する．**ペロブスカイト型構造（perovskite-type structure）**〔図 8.31 (a)〕は複合酸化物に多い結晶構造で ABO_3 の組成である．陽イオン A には，第 1 族，第 2 族または第 3 族元素，陽イオン B には遷移元素である場合が

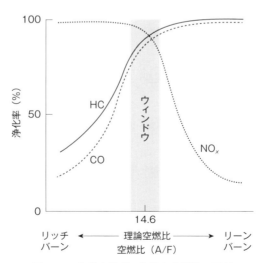

図 8.30　自動車排ガス浄化と空燃比の関係
リッチバーン：燃料過剰，リーンバーン：空気過剰，理論空燃比：14.6

一般的で，これらのイオン半径の間には次の関係がある．

$$r_A + r_O = t\sqrt{2(r_B + r_O)} \quad (r：各イオンの半径)$$

t は**許容因子**(tolerance factor)とよばれ，0.80〜1.00の値をとる．図8.31(b)の網掛けの範囲はペロブスカイト型構造を生成する範囲で，希土類イオンAは，ほとんどの遷移元素イオンBとこの構造を生成する．希土類酸化物高温超伝導体，いくつかの希土類酸化物触媒，および電極などの材料は，この構造である．

ペロブスカイト型構造は，その成分酸素の相当量の減少があってもただちに復元され，安定な構造を保てるので，このような特徴を表せると思われる．

8.4.5 セラミックコンデンサ，サーミスタ，圧電体，電気光学素子

(a) セラミックコンデンサ

電荷を"ためる"働きをもつ装置は**コンデンサ**(condenser)あるいは**キャパシタ**(capacitor)とよばれており，ある物質の**分極**(polarization)を利用

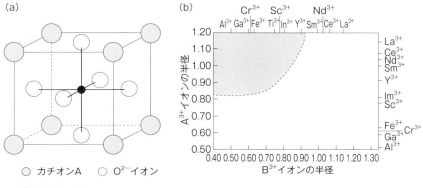

図8.31 ペロブスカイト型構造(a)とイオン半径とペロブスカイト生成範囲の関係(b)
(b)網掛けの範囲内で生成する．

している．"分極"という用語はいろいろな場合に用いられるが，ここでは誘電分極のことを指し，外部からの電圧の印加がなければ一致していた正電荷の重心と負電荷の重心が，電圧を加えることにより左右にずれること，あるいは最初から若干ずれていたこれらの重心が，さらに大きくずれることである（図8.32）．微結晶の単位粒子では，それぞれ分極していても方向がまちまちで，全体として打ち消し合って，外部からこの分極が観測されない場合がある．これに電圧を印加して，方向をそろえると分極が観測される場合もある．分極を生じていると，エネルギーを蓄えていることになり，このエネルギーでいろいろな仕事をさせることができる．ここで誘電体についてまとめておこう．

　どんな絶縁体でも，多かれ少なかれ誘電体である．原子は，正電荷をもっている原子核と，負電荷の多数の電子，すなわち電子雲でできている．これに外部の電場がかかると，質量の小さい電子雲が偏り，分極する．この現象を電子分極という．イオン結晶では，陽イオンと陰イオンの平衡位置からずれるが，この場合をイオン分極とよぶ．電気陰性度の異なる原子からなり，非対称な構造の分子は，分子自身がはじめから分極している．これにもとづく双極子を永久双極子とよぶ．永久双極子分子が固体中でランダムに存在していると，互いに打ち消し合って，この固体は全体としては分極していない．これに外部から電場をかけると，分子が整列して分極が観察される．この分

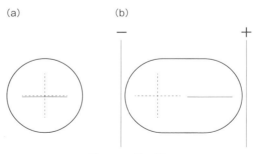

図 8.32　分　極
(a) 電圧をかける前．＋の中心と－の中心は一致している．
(b) 電圧をかけた後．＋の中心と－の中心はずれている．すなわち分極している．

8.4 化学的性質・イオン半径が重要な材料

極を配向分極という.永久双極子間の相互作用が強く,外部電場が無くても分極が認められる現象を自発分極という.自発分極物質のうち,外部電場で分極の向きを変えることができるものを**強誘電体**(**ferroelectrics**)とよぶ. $BaTiO_3$, BaO-TiO_2-R_2O_3 複合酸化物などがその例である.セラミックコンデンサなどの場合は,ほとんどイオン分極と考えてよい.

実は,この分野への希土類の関与は,これまでのような"主役"ではない.まず,数重量パーセントの希土類酸化物添加で物性を"改善"する働きである.たとえば,大きい誘電率をもっているチタン酸バリウム($BaTiO_3$)が多く用いられるが,このものの性質を,より都合のよい方向に変える働き,たとえばキュリー点(強誘電体から常誘電体に変わる温度, $T_c = 120°C$)を室温近くに下げることなどを,希土類イオンにもとめているのである.

次に,$BaTiO_3$ コンデンサ製造では,内部に金属ニッケル電極を付けなければならないが,そのために還元雰囲気での焼成が必要である.それにより $BaTiO_3$ 格子に酸素欠陥と伝導電子を生じて半導体化してしまい,電気伝導が起こり,分極を生じない.ここで,Y^{3+},Dy^{3+},Nd^{3+},Sm^{3+} などの希土類イオンを固溶しておくと,Ba^{2+},Ti^{4+} のいずれをも置換して,酸素格子欠陥濃度を著しく低下させ,伝導電子を生じさせないので,還元雰囲気焼成でも,半導体化しない.

(b) サーミスタ

チタン酸バリウム($BaTiO_3$)に Ba^{2+} とイオン半径が近い 3 価 La^{3+} のような希土類イオンを固溶させること,2 価の Ba^{2+} だけを置換して,"電荷補償"で Ti^{4+} の一部が Ti^{3+} に還元され,Ti^{3+} と Ti^{4+} の間で電子のホッピング(飛び移り)が起こり,電気抵抗 $10^7\,\Omega\,cm$ のものが,$10 \sim 10^3\,\Omega\,cm$ に低下する.すなわち"半導体化"する.

$$(1-x)BaTiO_3 + x/2 La_2O_3 \longrightarrow Ba_{2+1-x}La_{3+x}Ti_{3+2x}Ti_{4+1-2x}O_3 \quad \cdots(8.10)$$

さらに,粒子と粒子の間の"粒界"の性質も変化する.その電気抵抗は,温度が上昇するとある温度(キュリー点)で急激に大きくなる.このような抵

抗体を **PTC**(positive temperature coefficient)サーミスタ(thermistor, 感温体)とよんでいる. **NTC**(negative temperature coefficient)サーミスタもある. 温度センサ, 温度警報器などに用いられている.

(c) 圧電体

ある物質に応力を加えると電気分極を生じ, 電圧を発生する. 逆に, 電圧を加えるとわずかに変形するような物質を**圧電体**(piezoelectric substance)とよぶ. 対称性でいえば, 反転対称をもたない結晶(21晶族あるが, 立方点群:O-432を除いて20晶族)がそれである.

実用化されている代表例は, ペロブスカイト構造ジルコン酸チタン酸鉛固溶体($PbZrO_3$-$PbTiO_3$, PZT)であるが, さらにランタンで鉛(Pb)を置換した(PbLa)(Zr,Ti)O_3 PLZTの置換率La69%, Zr/Ti比65/35が優れた性質を示す.

水中音波検出, 重量計(体重計), 振動子, 着火素子などに利用されている.

(d) 電気光学素子

高純度原料を用い, 焼結度を上げて欠陥をなくすと, PLZTでも透光性になり, 印加した電圧に応じて屈折率が変化する電気光学効果を示す. 屈折率の変化が電圧に比例する場合をポッケルス効果, 電圧の2乗に比例して複屈折を示す場合をカー効果という. PLZTは可視光領域で透明である. 光スイッチ, 光シャッタ, 光メモリ, および光導波路に利用されている.

8.4.6 フェライト

鉄の酸化物は**フェライト**(ferrite)とよばれていて, 磁性体としてたいへん重要である. ただし, ここでの磁性の根源は鉄イオンおよびコバルトイオンで, 用いられている希土類イオンはこの化合物を成立させるためのいわば"構造材料"で, 電子のうち最外側のs^2p^6電子雲が化学的に安定であること, および適当なイオン半径をもっていることである.

フェライトの磁性はフェリ磁性で, Fe^{3+}とこれに反平行のFe^{3+}およびCo^{2+}の磁気モーメントによる磁性を用いている. 最も大きな特徴は, 電気抵抗が10^5 Ω cmと大きいので, 渦電流が発生せず, 軟磁性フェライトはトランスの鉄心など高周波環境下で用いることができる.

8.4 化学的性質・イオン半径が重要な材料

希土類添加フェライト磁石は，8.2節で述べた金属系永久磁石とほぼ同じ用途を目指したもので，性能は低下するが，安価なので大量に製造されている（最大エネルギー積 40 kJ m^{-3} 程度）．このフェライト磁石は，MO・6Fe$_2$O$_3$（M = Sr）の組成で，六方晶系マグネトプランバイト構造（図 8.33）をもっている．一部，Sr^{2+}が La^{3+}に，Fe^{3+}が Co^{2+}に置換されている．Fe^{3+}（5 μB）が Co^{2+}（3 μB）で置換されているが，この 5 μB もある Fe^{3+}は全体の磁気モーメントとは逆向きである．この逆向きの磁気モーメントの大きさは，逆向きのやや小さい Co^{2+}（3 μB）で置換すれば，差し引き 2 μB だけ減少するので，全体の磁気モーメントはそのぶん大きくなり，飽和磁化が大きくなる．価数のバランスをとるために Sr^{2+}を La^{3+}で置き換えている．

La^{3+}および Co^{2+}の置換率 30%の場合と 0%を比較すると，表 8.10 に示したように保磁力が約 2 倍，飽和磁化も 2%増加している．

フェライトは，世界では年間約 50 万 t，わが国でも 3 万 t 強と，大量に生産されている．主としてモータ，発電機，スピーカー，電子レンジに使用されている．

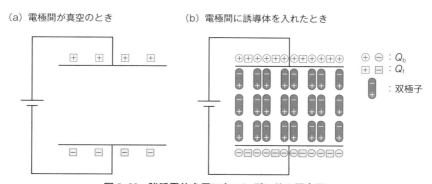

図 8.33 強誘電体を用いたコンデンサの概念図

電極間に電圧を印加したまま，強誘電体を電極間に挿入すると，強誘電体の表面に分極による電荷が新たに発生する．これに誘起された電荷が電極上に発生する．この誘起された電荷が静電容量の増加になる．

佐藤 陽，「誘電体」，足立吟也 編著，『希土類元素の科学』，化学同人（1999），p.693．

表 8.10 Sr-La-Co フェライトの磁気特性（La-Co 同率置換）

	保磁力 H_c (kA m^{-1})	飽和磁化 I_s (mT)	キュリー点 T_c (K)
置換率(0%)	147	461	731
置換率(30%)	277	470	713

✓ Check 渦電流

時間的に変化する磁場のなかに置いた導体中に，電磁誘導で生じる渦状の電流．この電流によるジュール熱は電力損失となる．

8.4.7 超伝導材料

　超伝導とは，材料の電気抵抗が消失（"ゼロ"になる）し，内部の磁束密度も"ゼロ"になることを表す．いいかえれば，超伝導状態下では内部には磁力線が存在できないし，貫通できない〔**マイスナー効果**（Meissner effect）〕．この現象は1911年にオランダの**カマリング・オンネス**（Kammerlinng-

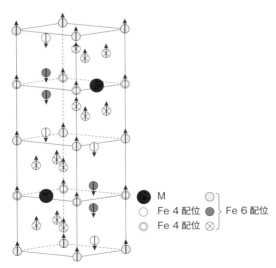

図 8.34　ペロブスカイト型構造

8.4 化学的性質・イオン半径が重要な材料

✓ Check なぜ超伝導になるのか

物質の電気抵抗は，伝導電子の結晶格子振動による散乱で発生する．結晶格子は絶対零度（0K）でも零点振動があるので，ちょっと考えると，電気抵抗ゼロはありえない．

電子は陽イオンを引き寄せながら格子を通過していく．電子は軽く速いので，通り過ぎ去ってしまうが，通過したあと，まだ重い陽イオンはもとの位置に戻りきってはいない．すなわち，正電荷の密度が大きい領域が格子中に形成される．この＋領域にもう一つの電子が引き寄せられる．いいかえれば，2個の電子間に格子振動（フォノン）の仲立ちで引力を生じる（フレーリッヒ相互作用）．2番目の電子が，格子振動を吸収してしまうので，格子振動はおさまり，電気抵抗は消失する．すなわち超伝導となる．ジョン・バーディーン（John Bardeen）-レオン・クーパー（Leon N.Cooper）-ジョン・ロバート・シュリーファー（John Robert Schrieffer）はフレーリッヒ相互作用を取り入れて超伝導の理論を体系化した（**BCS理論**）．フォノンで結合された2個の電子の組を，**クーパー対**（Cooper pair）とよんでいる．

マイスナー効果（Meissner effect）は外部からかかる磁束（磁力線）を打ち消すような，逆向きの磁束を発生する方向の電流が表面で流れることである．

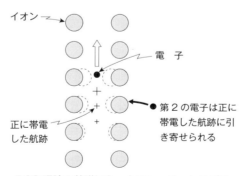

BCS理論の基礎になったフレーリッヒモデル

大塚泰一郎，『超伝導の世界』，講談社(1987), p.163.

156 第8章 希土類の応用

Onnes)により,4.2 K 以下の温度の水銀で観測された.Nb_3Sn(超伝導転移温度 $T_c = 18\,K$),Nb_3Ge($T_c = 23\,K$)などは,線材として開発され,すでに超伝導磁石のコイルとして多く用いられている.ただし,課題は T_c が低く,

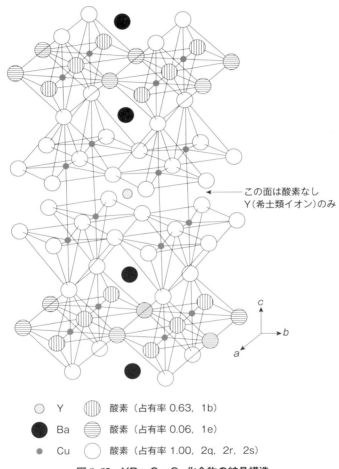

　　　　　　← この面は酸素なし
　　　　　　　Y(希土類イオン)のみ

○ Y 　▥ 酸素(占有率 0.63,1b)
● Ba　▤ 酸素(占有率 0.06,1e)
・ Cu　○ 酸素(占有率 1.00,2q, 2r, 2s)

図 8.35　$YBa_2Cu_3O_7$ 化合物の結晶構造

$YBa_2Cu_3O_7$(空間群:$Pmmm$,$a = 3.8845$ Å,$b = 3.8293$ Å,$c = 11.6926$ Å)を代表例とする銅酸化物高温超伝導体は,基本的にはすべてペロブスカイト型構造.二次元正方格子 CuO_2 面がシート状に広がっていて,この面を電流が流れる.$YBa_2Cu_3O_7$ の1式量当たりの酸素量は7より少し小さく,一般には $(7 - \delta)$ と表されている.

冷却には液体ヘリウムを必要としていることである.

1986 年に La_2CuO_4(T_c = 20 〜 30 K)が,1987 年には $YBa_2Cu_3O_4$(T_c = 98 K)が報告された.ここで注目されたのは,酸化物で高い T_c が高いこと,とくに後者では,液体窒素温度(T_c = 77 K)よりも高いこと(酸化物高温超伝導体)で,実用的にもきわめて重要な意味をもっている.図 8.34 は $YBa_2Cu_3O_4$ の結晶構造で,基本的にはペロブスカイト型構造である.

ここで,希土類イオンの役目は,結晶をペロブスカイト型にくみ上げる"構造材料"としてであり,そのイオン半径の大きさが大切である.ただし,希土類の + 3 価イオンであれば,T_c に若干の違いがあるものの,すべて超伝導を示す.ペロブスカイト構造をもっている $(Bi, Pb)_2Sr_2Ca_2Cu_3O_{10}$,$Tl_2Ba_2Ca_2Cu_3O_{10}$,$HgBa_2Ca_2Cu_3O_8$ などは,さらに高い,100 K 以上の T_c を示すがここではふれない.

電気抵抗が"ゼロ"であることの利用としては,線材として電線に使うことがまず考えられる.図 8.35 の構造で,電気が流れるのは ab 面の CuO_2 面で,c 軸方向には流れない.よって,電気抵抗ゼロの電線を製造するには,結晶の方向をそろえることが重要である.これには長尺の金属のテープを基盤とし,その上に酸化物超伝導体薄膜を蒸着して線材化が試みられている.現在,臨界電流 200 〜 500 A を流せる,長さ数百〜 1 km の線材ができている.超伝導磁石としての利用が期待されている.

8.5 有機合成および高分子重合触媒

希土類金属は単体,合金とも有機合成反応の還元剤として,化合物は合成触媒としても有用である.希土類金属の標準電極電位は R^{3+}/R = − 2.3 〜 − 2.5 V で,アルカリ金属より,やや貴で使いやすく,また,サマリウム(Sm),ユウロピウム,イッテルビウム(Yb)の 2 価イオンは,それぞれ R^{3+}/R^{2+} = − 1.55,− 0.43,− 1.15 V で,一電子還元剤として用いることができる.一方,4 価のセリウムイオン Ce^{4+} は,標準電極電位 Ce^{4+}/Ce^{3+} = + 1.72 V で,電子 1 個を相手からうけ取って,酸化する傾向が強く,酸化剤として有用で

ある.

希土類イオンは,その半径が大きいので,配位数 6 〜 12 配位(通常,8 〜 10 配位)とも大きい.しかし,配位数が大きすぎて,かえって配位不飽和状態になり,特異な反応性を示すことがある.希土類の 3 価イオンは,ルイス酸性(電子対をうけ取る性質)が強く,とくにイオン半径の小さいスカンジウム,イットリウムおよび重希土でそうである.

8.5.1 インフルエンザ治療薬タミフル合成触媒

インフルエンザ治療薬タミフル(図 8.36)の合成には,多くのステップを要するが,そのなかで,とくにスキーム 1 のアジリジン環の開環不斉反応が重要である.

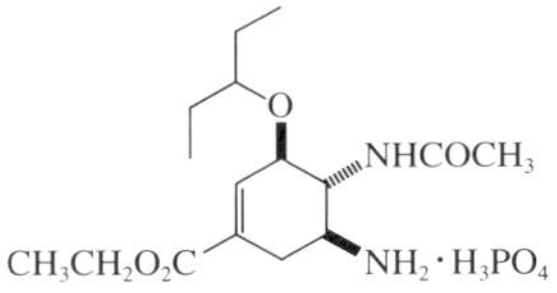

図 8.36 タミフル(osellamivir phosphate)

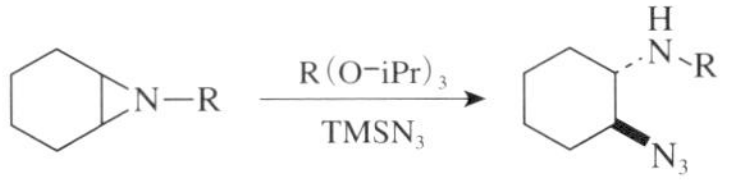

スキーム 1 アジリジン環の不斉開環反応

$R(O\text{-}iPr)_3$:希土類イソプロピキシド,$TMSN_3$:アジ化トリメチルシラン.
Y.Fukuta, T.Mita, N.Fukuda, M.Kanai, M.Shibasaki, *J. Am. Chem. Soc.*, **128**, 6312(2006).

この反応の触媒として,希土類イソプロピキシド〔$R(O\text{-}iPr)_3$〕が優れている.とくにイットリウム置換体は,そのエナンチオマーエクセス ee(ラセミ体からの"ずれ",一方のエナンチオマーの収率)が,92%とたいへん大きい値を示す.イオン半径が大きいガドリニウム置換体では 85%,やや小さいスカンジウム体では 63%,ほぼ同じくらいの大きさのジスプロシウム体,あるいはエルビウム(Er)体では 90%で,イオン半径に"最適値"があることを示唆している.この事実は,反応の律速段階で"吸着"が支配的で,表

面の構造や表面積が強く効く酸化物,および複合酸化物などの不均一触媒の場合とは異なり,ここで取りあげた"錯体触媒"は均一触媒で,中心金属である希土類イオンへの"配位構造"が重要であることを示している.

8.5.2 硝酸セリウムアンモニウム(CAN)を用いる側鎖の酸化

硝酸セリウムアンモニウム〔$(NH_4)_2Ce(NO_3)_6$;CAN〕は,いわゆる"触媒"ではなく当量用いる反応剤である(スキーム 2).

スキーム 2 キシレン側鎖の CAN によるアルデヒドへの酸化

T. Imamoto, "Lanthanides in Organic Synthesis," ACADEMIC PRESS (1994), p.123.

CAN 中のセリウムイオンは 4 価(Ce^{4+})であるが,反応時に還元されて 3 価(Ce^{3+})になっているので,電解酸化によるリサイクルで何度も使用できる.

8.5.3 二ヨウ化サマリウム(SmI_2)による還元反応

大きい酸化電位を有する 2 価のサマリウム(Sm^{3+}/Sm^{2+} = -1.55 V in H_2O)は種々の官能基を還元することができる.なかでも,その化合物 $SmI2$ は,ヘキサメチルリン酸トリアミド〔$[(CH_3)_2N]_3PO$;HMPA〕,水などを溶媒として用いると,より高い還元力を発揮するので,広範囲に応用されている(スキーム 3).

スキーム 3 SmI_2 による還元

J. Inanaga, Y. Yokoyama, Y. Baba, M. Yamaguchi, *Tetrahedron*, **32**, 5559 (1991).

8.5.4 希土類トリフレートの触媒反応

希土類トリフレート〔**triflate**,$R(CF_3SO_2)_3$,略号:$R(OTf)_3$〕は水に対して非常に安定であり,pHが酸性から中性領域では水中でも加水分解をうけることなく存在できる,ルイス酸触媒である(スキーム4).

$$CH_3O\text{-}C_6H_5 + (CH_3CO)_2O \xrightarrow[CH_3NO_2,\ 50°C,\ 4h]{R(OTf)_3(20\ mol\%)} CH_3O\text{-}C_6H_4\text{-}COCH_3$$

R=Sc:89%
Yb:55%
Y:28%

スキーム4 トリフレートによるアシル化反応

A. Kawada, S. Mitamura, S. Kobayashi, *J. Chem. Soc. Chem. Commun.*, **14**, 1157 (1993).

また,有機溶媒に対してよりも,水への溶解度が高いため,反応後,水を用いて回収可能である.そのため,環境調和型合成触媒として注目されている.

8.5.5 希土類触媒によるブタジエン重合

ブタジエンは共役ジエンのため,反応性に富んでいる.この重合は付加重合で進行するが,生成したポリブタジエンは,シス-1,4結合,トランス-1,4結合,および1,2結合(ビニル結合)の3種類の立体規則性をとることが知られている.

1,3-ブタジエンモノマーに,**ネオデカン酸ネオジム**(**neodymium neodecanate**)(ネオデカン酸とは,$C_9H_{19}COOH$の異性体の混合物),およびトリイソブチルアルミニウムを触媒として添加して,重合を行っている(スキーム5).

$$n(CH_2=CH-CH=CH_2) \xrightarrow[\text{トリイソブチルアルミニウム}]{\text{ネオデカン酸ネオジム}} [CH_2\text{-}CH=CH\text{-}CH_2]_n$$

1,3-ブタジエン   シス-1,4結合

スキーム5 ブタジエンの重合

重量平均分子量:$M_w = 53 \times 10^4$
曽根卓男,「希土類触媒によるブタジエン重合」,足立吟也 監修,『希土類の材料技術ハンドブック』,エヌ・ティー・エス(2008),p.476.

得られたポリブタジエンのシス-1,4含有率は96%で，ニッケル，コバルト触媒による重合体よりも立体規則性が優れ，分子量分布もせまい．ネオデカン酸ランタンでも同様な結果が得られるが，定量的に見ればネオジム置換体の効果が上回っていて，やはり，わずかなイオン半径の差が効果をもたらしているといえる．

　このようにして得られたポリブタジエンは，その立体規則性のよさから，反発弾性，耐摩耗性に優れているので，自動車用タイヤ，履物，ゴルフボールのコア材として用いられている．

　この触媒におけるわが国のネオジムの使用量は，Nd_2O_3換算で150〜200 t/年である．

章 末 問 題

問 8.1 図8.14のEu^{3+}のスペクトルで，705 nm付近の発光はどの遷移によるものか，$^5D_0 \rightarrow {}^7F_0$の遷移に相当する発光波長はいくらか．図2.6を参考にして解答せよ．

問 8.2 金属水素化物や水素吸蔵合金中の単位体積当たりの水素濃度は，液体水素（4.2 K）中の濃度より大きい．この理由を説明せよ．

問 8.3 SOFCの理論起電力Eは1.23 Vであるが，実際に得られる電圧（端子電圧）は0.7 V程度である．この差はなにによるものか，答えよ．

参 考 文 献

● 希土類磁石
1) 足立吟也, 現代化学, **3**, 32(1992), 『希土類磁石はなぜ強力か』．
2) 佐川眞人 監修, 『ネオジム磁石のすべて』, アグネ技術センター(2011)．
3) 俵 好夫, 大橋 健, 『希土類永久磁石』, 森北出版(1999)．

● 希土類発光材料
4) G. Blasse, B. C. Grabmaaier, "Luminescent Materials," Springer-Verlag(1994)．
5) 蛍光体同学会 編, 『蛍光体ハンドブック』, オーム社(1987)．

● 希土類水素吸蔵合金
6) 大角泰章, 『水素吸蔵合金』, アグネ技術センター(1993)．

第8章 希土類の応用

● 研磨剤
7) 河里 健,「研磨剤・釉薬・顔料への応用」, 足立吟也 監修,『希土類の機能と応用』, シーエムシー出版(2006), p.271.

● 固体電解質, 燃料電池, 酸素センサ
8) 今中信人,「化学センサ」, 足立吟也, 南 努 編著,『現代無機材料科学』, 化学同人(2007), p.188.
9) 江口浩一 監修,『固体酸化物型燃料電池:SOFCの開発』, シーエムシー出版(2005).
10) 佐藤峰夫,「固体中のイオンの動き」, 足立吟也, 島田昌彦, 南 努 編,『新無機材料科学』, 化学同人(1990), p.8.
11) 田川博章,『固体酸化物燃料電池と地球環境』, アグネ承風社(1998).

● 自動車排ガス浄化触媒
12) 田中裕久,「自動車排ガス触媒」, 足立吟也 監修,『希土類の機能と応用』, シーエムシー出版(2006), p.250.

● セラミックコンデンサ, サーミスタ, 圧電体, 電気光学素子(PLZT)
13) 柳田博明, 高田雅介,『全改訂二版 電子材料セラミックス』, 技報堂(1983), p.44.

● フェライト
14) 田口 仁,「希土類含有高性能フェライト磁石」, 足立吟也 監修,『希土類の材料技術ハンドブック』, エヌ・ティー・エス(2008), p.178.

● 超伝導
15) 足立吟也, 化学, **42**, 591(1987).
16) 福山秀敏, 石川征靖, 武居文彦,『セミナー高温超伝導』, 丸善(1988).
17) 『金属』, **79 No.4**, アグネ技術センター(2009),「超伝導材料開発はここまで進んだ」.

● 有機合成および高分子重合触媒
18) J.Inanaga, H.Furuno, T.Hayano, Chem. Rev., **102**, 2211(2002).
19) M. Shibasaki, N. Yoshikawa, Chem. Rev., **102**, 2187(2002).
20) 日本化学会 編,『季刊化学総説 No37:ランタノイドを利用する有機合成』, 学会出版センター(1998).
21) S.Kobayashi, "Lanthanides:Chemistry and Use in Organic Synthesis," Springer(1999).
22) S.Kobayashi, M.Sugiura, H.Kitagawa, W.W.-L. Lam, Chem. Rev., **102**, 2227(2002).
23) 曽根卓男,「希土類触媒によるブタジエン重合」, 足立吟也 監修,『希土類の材料技術ハンドブック』, エヌ・ティー・エス(2008), p.476.
24) (a)但木稔弘, 日本ゴム協会誌, **76**, 441(2003); (b)但木稔弘, 日本ゴム協会誌, **78**, 42(2005).
25) T.Imamoto, "Lanthanides in Organic Synthesis," ACADEMIC PRESS(1994).

第9章

希土類の資源とリサイクル

Keyword

リサイクル(recycling)，廃棄磁石(waste magnet)，切削屑(sawdust)，焼結不良品(poorly sintered magnet)，廃蛍光灯(waste fluorescent lamp)，気相分離法(gas phase separation method)，塩化アルミニウム錯体(aluminum chloride complex)，都市鉱山(urban mine)

2010年，わが国に対する中国の希土類原料禁輸で，にわかに資源問題が表面化したが，実のところ中国の全世界への輸出総量は，2005年の6万5千tから2009年の4万4千tへと減少傾向にあった．これは，中国の先端産業保護のほか，国内の需要の増加と採掘地付近の環境問題への対応の結果でもあった．

そこでわが国でも，あらたな希土類資源の探査，使用量の削減，ほかの元素利用への転換，および使用済み希土類製品のリサイクルが積極的に推進されることとなった．たとえば，文部科学省の「元素戦略プロジェクト」，経済産業省の「希少金属代替材料開発プロジェクト」がそれであり，2008年から2015年まで実施される．

市中には，すでに多くの希土類製品が出回っているが，そのほとんどが銅(Cu)などのコモンメタルにくらべて，少量・低濃度で使用されている．そ

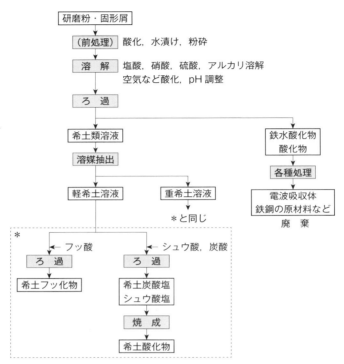

図 9.1 ネオジム焼結磁石製造工程内で発生した切削屑や不良品などのリサイクルプロセス
すでに着磁されたものであれば，粉砕より前に脱磁を行う．溶解後の操作は，鉱石からの抽出操作と同じであるので，その工程に混ぜて行う．
中村英次，機能材料，**31**，37(2011)．

のため，回収のコストに見あうほどの利益が得られないと思われており，産業としての希土類リサイクルはいまのところ未成熟である．

しかしながら，工業製品に含まれているレアメタルの含有率は，鉱石よりも通常大きい(一般的な鉱石中の希土類含有量は2〜8%，イオン鉱では0.1%程度)．また，製品に用いられているレアメタルは，すでに製錬された金属体になっていることも多いので，リサイクルに必要なエネルギーは少なくて済む．よって，適切かつ効果的な廃棄製品の回収システムが構築できれば，わが国のレアメタル資源問題解決の大きな支柱となるはずである．

9.1 ネオジム磁石製造工程内で発生する希土類廃材のリサイクル

現在，ハイブリッド車用ネオジム焼結磁石には，30％前後のネオジム(Nd)，7～8％のジスプロシウム(Dy)が含まれている．合金の状態から磁石として市場にでるまでの間に，出発合金重量の30％程度が切削屑，成型不良品，および焼結不良品などになり，これらがリサイクルされている．その一例を図9.1に示す．この種の磁石のわが国の年間生産量は1万t程度であるから，リサイクル量も数千tにのぼり，たいへん大きい．すでに着磁されたものであれば，粉砕より前に脱磁を行う．溶解後の操作は鉱石からの抽出操作と同じであるので，その工程に混ぜて行う．

9.2 廃蛍光灯からの希土類の回収

2011年，わが国の蛍光灯生産量は約2億1千万本で，使用済みの蛍光灯の廃棄処理については，これまで水銀(Hg)，口金，およびガラス管がリサイクルされていた．蛍光灯に含まれる蛍光体量は，40W管1本当たり平均6gと少ないので，これまでとくに注意がはらわれていなかった．しかし，最近の原料価格高騰の影響もあり，廃蛍光体の回収再利用も行われている．

表9.1 廃棄蛍光灯から回収された蛍光体の組成（重量％）

成 分	重量％	成 分	重量％
MgO	0.49	SnO_2	0.16
Al_2O_3	17.85	SrO	0.89
SiO_2	3.68	Y_2O_3	8.8
P_2O_5	28.13	Sb_2O_3	0.29
SO_3	0.3	La_2O_3	2.75
Cl	0.45	CeO_2	1.43
CaO	32.54	Eu_2O_3	0.78
MnO	0.54	Tb_4O_7	0.91
ZnO	0.01	合 計	100

株式会社JMR提供．蛍光X線分析による結果．

表9.1は廃棄蛍光灯から回収された蛍光体の組成(重量%)の一例である．この回収蛍光体から，希土類をはじめとする有価元素の分離が行われている．廃蛍光体のリサイクルは，ヨーロッパにおいても行われていて，国際会議などでも，新しい提案が発表されている．

9.3 廃棄物からの希土類の新しい回収法——乾式気相分離法

希土類の相互分離は，鉱石であれ，廃棄製品であれ，前処理として水溶液にしたのち，溶媒抽出にて行うのが一般的である．このためには，必ずしも無害とはいえない有機リン化合物を抽出剤(有機溶媒)として用いなければならない．この分離プロセスは効率に優れているが，環境への負担も大きい．

筆者らは，希土類塩化物(RCl_3)と塩化アルミニウム($AlCl_3$)が，蒸気圧の高い気相錯体〔$RCl_3 \cdot n(AlCl_3)$〕を形成することに着目し，この錯体の蒸気圧の差を利用して相互分離を試みた．この方法では，希土類含有廃棄物をそのまま前処理せずに，高温かつ炭素存在下で直接塩素化すると同時に，塩化アルミニウムと錯体を形成させて低温部に導く．この錯体は，低温で固体の希土類塩化物と気体の塩化アルミニウムに分解する．その分解温度は化合物の種類によって異なるので，分離が可能である．また，塩化アルミニウムは160℃程度まで気体なので，固体で存在している希土類塩化物と分離しやすく，その後の回収，再利用も容易である．

この方法は，ほとんど前処理を必要とせず，砥油，砥石くず，およびその他の固形の挟雑物が混じっていても，そのまま塩素化できる．$Nd_2Fe_{14}B$，Sm_2Co_{17}，$MmNi_5$などでは，希土類と鉄(Fe)，コバルト(Co)，ニッケル(Ni)などの遷移金属とは一段で分離可能で，かつ得られる塩化物は無水物なので，そのまま次の操作に用いることができる．この方法に用いた装置〔(図9.2(a)〕とSm_2Co_{17}からの分離結果〔図9.2(b)〕を示す．分離炉の温度勾配が重要であるため，分離炉は13個に分けられており，それぞれ独立に加熱および温度設定ができる．廃サマリウムコバルト磁石(Sm_2Co_{17})からは，高温部では$SmCl_3$，低温部では$CoCl_2$を高純度で回収できた．

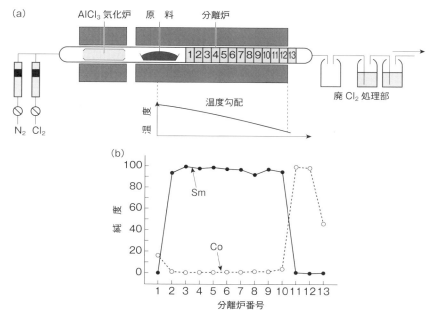

図 9.2 気相塩化アルミニウム錯体による温度勾配を付けた分離炉(a)と気相塩化アルミニウム錯体による廃サマリウムコバルト磁石(Sm_2Co_{17})からのサマリウム(Sm)およびコバルト(Co)の分離(b)

(a)分離炉1の温度は1000℃で,分離炉12は300℃.分離炉1から13の間では各分離炉は独立しているので,種々の温度設定が可能.分解炉13付近に純度のよい$AlCl_3$が析出するので,そのまま再利用できる.廃Cl_2もリサイクル可能.(b)高温部で$SmCl_3$,低温部で$CoCl_2$がそれぞれ高純度で回収できる.

9.4 わが国にすでに存在している希土類の"量" ——"都市鉱山"としての可能性

わが国では,先進国として先端技術を用いた豊かな生活を享受している.すなわち,希土類をはじめとする多くのレアメタル製品を使用し,その耐用年数が過ぎれば廃棄してきた.この廃棄製品の一部は輸出されているが,かなりの量がわが国に滞留しているはずである.この滞留している廃棄物は,いいかえれば"鉱山"と同じであり,適当な処理を行ってそのなかの金属類を回収すれば,再び価値を賦与することができる.すなわち,"都市"は"鉱

山"と同じであるので，**都市鉱山**(urban mine)とよばれている．

輸入された資源はある製造業で加工され，そこから出荷される製品が次の製造業で使われる．この製品はさらに次の製造業の原料，あるいは中間品として広がっていく．この量的変化を"芋づる式"に調べて，この資源に関連のある製品の総量を推定する〔**産業連関表**(input-output table)〕．これらを用いた最終製品およびスクラップの輸出量を差し引いて，わが国での滞留量，すなわち"都市鉱山埋蔵量"がもとめられる．

このようにしてもとめられた希土類の"都市鉱山埋蔵量"は約30万 t，世界の埋蔵量の0.35%であった．わが国の年間消費量は約2万 t なので，"都市鉱山"には十数年分の希土類が眠っていると推定されている．一方，アルミニウムの"都市鉱山埋蔵量"は6千万 t と推定され，膨大な値であるが，これとて世界の埋蔵量の0.24%にしか過ぎない．

章 末 問 題

問 9.1　現在のところ，使用済み製品からの希土類回収はあまり進んでいない．それはなぜか．理由を述べよ．

参 考 文 献

● 希土類磁石合金からのネオジムの回収
1) 原田幸明，中村 崇，『レアメタルの代替材料とリサイクル』，シーエムシー出版(2008)．
2) M.Tanaka, T.Oki, K.Koyama, H.Narita, T.Oishi, "Recycling of Rare Earths from Scrap: Handbook on the Physics and Chemistry of Rare Earths," J.-C.G.Bunzli, V.K.Pechrsky ed., North-Holland(2013), p.159.
3) 中村英次，機能材料，**31**，37(2011)．

● 廃蛍光灯からの蛍光体の回収
4) K.Binnemans, P.T.Jones, *J. Rare Earths*, **32**, 195(2014).
5) 株式会社 JMR 資料．

● 乾式気相分離法
6) G.Adachi, K.Shinozaki, Y.Hirashima, K.Machida, *J. Less-Common Met.*, **169**, L.1(1991).
7) K.Murase, K.Machida, G.Adachi, *J. Alloy. Compds*, **217**, 218(1995).
8) T.Ozaki, J.Jiang, K.Murase, K.Machida, G.Adachi, *J. Alloy. Compds.*, **265**, 125(1998).

● 日本の都市鉱山埋蔵量の推定
9) 原田幸明，井島 清，島田正典，片桐 望，日本金属学会誌，**73**，151(2009)．

第10章

希土類のこれまでとこれから
——基礎・開発研究と産業

> **Keyword**
>
> 価格変動(price fluctuation)，需要予測(demand forecast)，研究の方向(future perspective of rare earth studies)

これまでに本書では，各章で希土類の科学とその応用を俯瞰してきた．歴史的に見れば，初期の頃は元素の発見に努力が注がれ，最初の実用例は，第8章でも述べたように，1885年のガス灯の明るさを増すガスマントルの発明であった．近代希土類科学とその応用，さらに産業への展開は，アメリカによる原子爆弾開発のためのマンハッタン計画(The Manhattan District Operation)の"副産物"の一つとして出発した．

10.1 希土類の現在と今後の展望

表10.1に希土類研究の流れをまとめる．現在は第三期にあると思われる．希土類を特徴づけている4f軌道電子は"内殻電子"で，しかも軌道は不完全充填である場合が多く，計算科学としての完成には至っていない．すなわち，"4f軌道電子の量子科学"はこれから発展させなければならない分野の第一であろう．

第10章 希土類のこれまでとこれから——基礎・開発研究と産業

表 10.1 希土類の基礎および開発研究の発展と産業としての実用化および今後の展望

区分(年)	歴史的意義	基礎および開発研究での中心課題	産業界での中心課題,実用化例
創世期(1794〜)	元素の発見	新元素の発見,周期表での位置の確定	ガスマントル(1886, von Welsbach)
第一期(1940〜)	稀な,珍しい元素群,マンハッタン計画(原子力研究)の影武者	各元素の相互分離,個々の元素の化合物の合成,物性の研究	混合物としての利用,鉄鋼,原油分解用不均一触媒,ガラス研磨,"よくわからないが効果がある"という使い方
第二期(1960〜)	マンハッタン計画の"果実"を味わった	純物質の入手容易,4f軌道電子の特徴を生かした材料(発光材料,磁性材料)の開発,イオン半径の特徴を生かした材料(誘電体,超伝導体)の開発	希土類を使えば"儲かる",蛍光体,磁性体,誘電体,"困ったときのイットリウム"
第三期(1990〜)	なぜ"希土類なのか",体系化	錯体,有機金属,均一触媒,スペクトルの精密な理解,4f軌道電子の量子科学,化学結合,非経験的量子化学の確立,"一元素分離法の確立",遺伝子工学,ナノテクノロジー	資源問題(新鉱山,リサイクル),環境問題(トリウム),"無邪気な開発研究は終わり",燃料電池,超伝導線材 錯体・有機金属触媒の利用,"バランス産業"からの脱却,医療・診断への利用

　希土類イオンの化学的類似性から,相互分離が困難であることは常識となっているが,これは溶液中での化学を前提とした場合で,ほかの相ならばこれとは異なる様相もありうる.その結果,ほしい一元素だけをあたかも"ピンセット"でつまみあげるような,"一元素分離法"が出現するかもしれない.そうなれば,希土類産業のもう一つの"くびき",すなわち,そこにあるものは,ほしくないものでもとりあえず分離されてでてくるという宿命から脱却できる.この宿命は,存在するあるいは供給される元素の割合と,要求される元素の割合の"バランス"が取れていないという宿命(バランス産業の宿命)である.これらの解決のためには,希土類の原子,イオン,および化合物の基礎にもう一度立ち返る地道な研究が必要である.

10.2 希土類の生産量と需要

　世界の2010, 2011, 2012, 2013年の希土類生産量は,それぞれ13万4千t,

13万2千t, 11万1千t, 11万1千t(いずれも U. S. Geological Survey, February 2014 のデータ), 平均12万2千tで, 2011年から2013年にかけて, 2万3千tも減少した.

わが国の需要量も, 2010年の2万6千6百tから, 2011年は2万1千t, 2012年は1万4千4百t, 2013年は1万3千2百t(新金属協会 希土類部会調査,『レアメタルニュース』, 2014年4月16日号付録)と激減している. これは2011年の価格の急騰に起因していることは確かで, 需要家を代替材料開発に向かわせた結果でもある.

価格の急変の代表例として, 希土類磁石に用いる酸化ジスプロシウム(DyO_2)および研磨剤が主用途であるセリア(CeO_2)を図10.1に示した. 2011年には, 2009年までの価格の100倍を超す急騰もあった.

2013年には価格はかなり下落したが, それでも以前に比較すれば高価であるので, 使用量削減, 代替材料開発の努力は続けられている. たとえば, 研磨剤のCeO_2はリサイクルとZrO_2の代用が進められている. もっとも, これとて性能とともに価格が"勝負"である.

ネオジム磁石に対しても代替品の提案はあるが, いまだにユーザーの要求性能を満たせていない. ジスプロシウムの使用量の低減は進んでいるが,"ゼロ化"には品質保証の点で問題が残っている. よって, 原料価格が落ち着けば, 永久磁石での希土類の地位は安定すると思われる.

わが国の電力消費における産業用モータの占める割合は, 2012年の推定

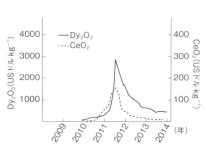

図10.1 希土類酸化物の価格変動

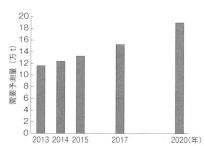

図10.2 希土類の需要予測(酸化物表示)
2013年(11.5万t)のみ実績.

では25％程度とたいへん大きい．電力コストの上昇につれて，より経済性の高い希土類磁石を使用したモータの需要も増えると予測されている．そのためジスプロシウムの需要は，2012年の600 t／年から2020年には800 t／年へと，単品での削減が進んでも，総量としては増える見通しである．

照明用蛍光体を主とする希土類材料の今後であるが，わが国では照明のLED化が進んではいるものの，世界ではいまのところ，依然として希土類蛍光灯が主流である．しかしながら，希土類蛍光灯が低減傾向であることには変わりなく，静かに消えゆく運命かもしれない．また，**有機EL**（organic electro-luminescence）照明の研究も進んでいる．

図10.2は，希土類の需要と供給の今後の予測を示したものである．世界の供給力は漸増するが，2012年では90％強であった中国の供給割合は，2013年でも依然として90％であった．2016年では65％まで低下すると推定されているが，これはオーストラリア，アメリカ，インド，ベトナム，インドネシア，マレーシアなどでの鉱山の開発や再開の寄与が見込まれるからである．もっとも，最近の価格の低落は開発意欲の低下をもたらすので，予想の確度を維持するのは困難である．

一方，最近の統計によれば，希土類の並はずれた性能は捨てがたいらしく，価格の"高止まり"をものともせず，いったんほかへ向かった需要も少しずつ回復しつつある．

希土類を産業として見た場合，狭い範囲の用途やわずかの添加物の時代から，時代の波に遭遇しつつもこれを克服し，いまやキーマテリアルの地位にのぼってきた．希土類材料の"本質"を見る限り，この地位は容易には揺るがないが，"人智"は無限であり，新たな地平にも目を向けなければならない．

章 末 問 題

問10.1　希土類研究がこれまでどのように発展してきたかを概観せよ．

参 考 文 献

1）森本慎一郎，電気学会誌，**132**，758（2012）．

章末問題の解答

問 1.1
原子番号が偶数か奇数かで，核の安定性が異なるからであるが，この規則性については，オッド・ハーキンス(Oddo-Harkins)則を当てはめる．この規則は，以下のように考えられる．

質量数が偶数の核種は，一つの質量数に対して，通常，原子番号が偶数の2種類，まれに1種類が存在する．

一方，質量数が奇数の安定な核種は，一つの質量数に対して1種類しかなく，またこの核種の原子番号が偶数か奇数かは，偶然で決まる．すなわち，偶数も奇数もありうる．つまり，偶数の原子番号核種のほうが多種類の同位体をもつのに対し，奇数ではたかだか2種類しか存在しない．よって，偶数原子番号の元素の存在度は，両隣の奇数原子番号のものより大きくなる．

参考文献：柴田誠一ほか訳，『放射化学』，丸善出版(2005)，p.57．

問 1.2
マッタウヒの規則(あるいはマタウチの規則；Mattauch's rule)を当てはめる．この規則は，「隣合った原子番号の二つの元素(ここでは ^{60}Nd と ^{61}Pm，および ^{61}Pm と ^{62}Sm)の同重体(質量数は同じであるが，原子番号が異なる元素)が，二つとも安定であることはない」と表されている．

^{60}Nd の安定同位体の質量数は 142，143，144，145，146，148，150，^{62}Sm の安定同位体の質量数は 144，147，148，149，150，152，154 である．^{61}Pm の安定な同位元素が存在するとすれば，145〜147 と考えられるが，この付近には空いた質量数はなく，最も近いものでも 151 であり，遠すぎる．すなわち，^{61}Pm には安定同位元素は存在しない．

問 2.1
ランタニド収縮への相対論の応用問題．相対論によれば，その効果は原子番号の2乗に比例して大きくなる．たとえば，ウランの原子番号は 90 で，ランタニドよりはるかに大きい．よって，引きしめの程度は大きくなり，半径(この場合 s，p 軌道)は小さく引きしめられる．

アクチニドの場合，この"引きしめ"が効きすぎて，相対的に 5f 軌道が外にしみだしていて，隣の原子やイオンとの化学的な相互作用も起こりやすい．すなわち，5f 軌道は相対論の効果で，4f 軌道ほど"内部局在性"はない．この結果，ウランなどは多くのイオン価をもっている．

問 2.2
I_3 が精度よく還元電位と対応している．いいかえれば，I_3 がこの還元電位を決めてい

るのである.

問 2.3
Nd^{3+} の基底状態は $^4I_{9/2}$ であるから,$S = 3/2$,$L = 6$,$J = 9/2$ を有効磁子数の式,およびランデの g 因子の式に代入すると,3.62 β_B(β_B:ボーア磁子)がもとめられる.一方,Fe^{3+} では,$L = 0$(スピン運動量のみ)なので,$S = 5/2$,$g = 2$ を代入すると,5.92 β_B がもとめられる.

問 3.1
ほかの希土類金属の電子構造は $R^{3+}\cdot 3e^-$ であるが,これらの金属は $R^{2+}\cdot 2e^-$ と表せる.すなわち,金属ユウロピウム(Eu),および金属イッテルビウム(Yb)は 2 価イオンと伝導電子の対として存在している.2 価イオンは,そのイオン半径が大きいので,電子を引きつける力は,3 価イオンの金属にくらべ小さい.よって,沸点も低くなる.

問 3.2
問 3.1 の解答でもふれたように,サマリウム(Sm)は 2 価が安定なので,Sm^{2+} の分解電圧は高い.よって,通常の電気分解では金属サマリウムの製造は困難である.金属サマリウムは次式のように Sm_2O_3 の金属ランタン(La)またはミッシュメタルによる熱還元で製造されている.

$$Sm_2O_3 + 2La \longrightarrow Sm\uparrow + La_2O_3$$

実は,この反応の標準ギブズエネルギーは,1000 ℃ では 15 kJ mol^{-1} で,正であるが,生成するサマリウムの蒸気圧が高いので,蒸留により系外に除去されるので,反応は右に進行する.

問 4.1
イオン半径が小さくなると格子エネルギーが大きくなり,化合物は堅固になっていくので,溶解しにくくなるはずであるが,その一方で,各イオンの水和エネルギーも大きくなる.すなわち,格子エネルギーと水和エネルギーの大小関係で決まり,結局,水和エネルギーの効果が勝り,イオン半径が小さな,重希土の塩化物の溶解度が大きくなると考えられる.

問 4.2
CeO_2 のなかの Ce イオンは 3 価と 4 価の間で変化する.3 価になる際に酸素を放出するので,この酸素が酸化作用をになう.

問 5.1
モナザイト中には Ce^{4+} の含有率が 50% 程度,ゼノタイム中には Y^{3+} が 60% 程度である.Th^{4+} のイオン半径は Ce^{4+} により近く,また同じ 4 価イオンである.よって,Ce^{4+} の多いモナザイト中に,同じくリン酸塩として含有されることが多い.

問 6.1
初期は化合物の溶解度の差を利用した分別結晶法.中期はイオン交換樹脂を用いたイ

オン交換法．現在は希土類イオンの水溶液と抽出剤を溶解した有機溶媒への分配の差を利用した溶媒抽出法が主流．

参考書：たとえば，F.H.Spedding, A.H.Daane ed., "THE RARE EARTHS," John Wiley & Sons, Inc.(1961)．

問 7.1
$Nd(OH)_3$ のモル溶解度は 1.86×10^{-6} mol L^{-1}．

問 8.1
$^5D_0 \to {}^7F_4$, $^5D_0 \to {}^7F_0$ の遷移は 580 nm．^7F_J は最大で $(2J+1)$ 本に分裂するが，$J=0$ なので，これ 1 本のみ．

問 8.2
液体水素は水素分子(H_2)の凝集体で，分子のまま存在していて，H-H 距離はかなり大きく，かさ高い構造である．これに対し，金属水素化物中の水素は，単原子またはハイドライドアニオン(H^-)として存在し，多く存在する電子密度の小さい位置に入っていると考えられる．

問 8.3
理論起電力 E は開回路電圧ともよばれ，電流を流さない場合の電圧であるのに対し，端子電圧 V は次式で表されて，各部の抵抗と取りだす電流の大きさの積 iR に相当するぶんだけ，理論起電力より小さくなるからである．

$$V = E - i(R_a + R_e + R_c + R_{ae} + R_{ec})$$

ここで，i は電流，R_a, R_e, R_c はそれぞれ燃料極，固体電解質，および空気極の電気抵抗，R_{ae}, R_{ec} はそれぞれ燃料極と固体電解質の間，固体電解質と空気極の間の電気抵抗を表す．

問 9.1
製品中の希土類使用量がたいへん少なく，回収コストに見合う利益が得られないからである．

問 10.1
表 10.1 を参照．

希土類用語集

CMP(chemical mechanical polishing)
研磨といえば，"かたい"もので機械的に"磨く"イメージであるが，CMPは機械的研磨に加えて，研磨剤と研磨対象物表面との化学反応も同時に働かせて平滑化を促進する研磨法である．酸化セリウム(CeO_2)のモース硬度は6で，研磨剤のなかでは最もかたさの小さい部類に入る．それにもかかわらず，高い加工レートを示すのは，この化学反応も関与していることを示している．

FCC触媒(流動接触分解触媒；fluid catalytic cracking catalyst)
原油分解では，固体酸触媒約10tを分解装置の反応塔と再生塔の間で循環させつつ反応を行うが，その際に使用される触媒．希土類置換フォージャサイトが主成分．

MRI(magnetic resonance imaging)
患部周辺の水のプロトンNMRの異常を測定し，画像として表現する．

PC-88A
大八化学工業株式会社製造の有機リン酸系抽出剤の商品名．平均分離係数が最も大きい抽出剤．化合物名は2-ethylhexyl phosphonic acid mono-2-ethylhexyl ester.

PC-88A(分子量306.4)

RKKY相互作用(RKKY interaction)
孤立している4f軌道電子と，外側の5d,6s軌道電子(伝導電子)との相互作用のこと．この相互作用により，4f軌道電子の磁気モーメントが整列し，永久磁石などの希土類磁性体の磁気現象を引き起こしている．

SOFC(solid oxide fuel cells)
固体酸化物型燃料電池．電解質にイットリア安定化ジルコニア〔Y_2O_3-ZrO_2(YSZ)〕などのイオン伝導性酸化物を用いた燃料電池．

アップコンバージョン(upconversion)
低いエネルギー状態にある電子を高い状態にもち上げて，この状態から発光させる操作．赤外線を可視光に変えることが行われている．YAG:Nd^{3+}, Yb^{3+}, LaF_3:Nd^{3+}, $LiYF_3$:Er^{3+}など，多くの例がある．

イオン化エネルギー(ionization energy)
孤立している原子・分子から，電子を取り去るのに必要なエネルギー．電離エネルギーともいう．0価の状態から，電子1個を取り去る場合に必要なエネルギーを第一イオン化エネルギー I_1，2個目の電子を取り去る場合に必要なエネルギーを第二イオン化エネルギー I_2，…，とよんでいる．

イオン吸着鉱(ion absorption ores)
重希土に加え，ネオジム(Nd)も比較的高濃度に含有している．マグマの噴出後，河川などの水流に希土類が溶出し，これがカオリンなどの粘土に吸着されて生成した鉱物．希土類含有率は一般に小さい．

イオン交換法(ion-exchange separation)
イオン交換樹脂を管に詰めて固定相にし，混合希土類錯体水溶液を移動相として，これを固定相上部に注ぐと，イオン交換樹脂への吸着力の小さい錯体から順に流れてくる．すなわち，分離が行われる．イオン交換クロマトグラフィーともよばれ，かつては希土類単離の主力であったが，溶媒抽出法に取って代わられた．

重い電子(heavy fermion)
f電子は内部(原子核付近)に局在しているが，金属間化合物中では伝導電子と相互作用して伝導電子と一体となって，結晶中を動きまわる．このような伝導電子の速度は，通常の伝導電子の速度より小さくなっていて，この現象から"みかけ上の質量(有効質量)"が大きくなったとみなされる．このように大きな有効質量を示す電子の化合物を「重い電子系化合物」という．$CeCu_6$ はこの典型例で，1000倍以上の有効質量をもっている．

カルシウム還元法(calciothermic reduction method)
希土類化合物を高温，不活性ガス雰囲気下で，金属カルシウムで還元して，希土類金属を製造する方法．

キュリー定数(Curie constant)
キュリーの法則 $\chi = C/T$ (χ：磁化率，T：温度)，あるいはキュリー・ワイスの法則 $\chi = C/(T-\theta)$ (θ：一定の温度)での定数 C．

キュリー点(Curie point)
キュリー温度ともよぶ．強磁性またはフェリ磁性の常磁性状態への転移温度．金属ガドリニウム(Gd)のキュリー点は20℃で，希土類金属中，最も高い．

軽希土(light rare earths)と重希土(heavy rare earths)
希土類に属する17元素の化学的性質は互いに類似しているが，さらに酷似した2群に分けることができる．もっとも，その境目(分類)にはいくつかの提案があり，La～Euまでを軽希土，Gd～Luを重希土とする場合や，La～Gdを軽希土，Tb～Luを重希土とする場合など，いくつかの変形がある．いずれの分類でもSc，Yを重希土に加えている．

グロー放電(glow discharge)
冷陰極管で，気体の圧力が10 Torr (10 mmHg ≃ 1333.22 Pa)以下で高電圧をかけると，はじめは絶縁体であった

気体は，電極からの電子でイオン化され，絶縁破壊を起こし，導電体になって電流が流れると同時に発光する．この現象をグロー放電とよんでいる．

蛍光(fluorescence)
発光現象に直接関係する過程で，関係する電子のスピン多重度 $2s+1$ に変化がない場合の発光．

蛍光イムノアッセイ(fluoroimmunoassay)
抗原-抗体反応を用いて，生体成分の種類と濃度を測定する分析法で，ユウロピウムイオン錯体の蛍光スペクトルを測定する．

結晶磁気異方性(magnetocrystalline anisotropy)
磁気モーメントをそろえるのに必要なエネルギーが，結晶の軸方向で異なること．永久磁石ができるのはこの性質による．強磁性体では，最も安定な方向(磁化容易軸)に磁気モーメントはそろっているが，これをほかの方向(磁化困難軸)に向けるときに必要なエネルギーを磁気異方性エネルギー E_A という．磁化困難軸に磁気モーメントを回転させるのに要する磁場を異方性磁場 H_A とよぶ．先に述べた保磁力 H_c の大きさも，磁場の大きさで表されるが，異方性磁場 H_A と同じではない．保磁力 H_c は，"実際の磁石"に対応するもので，磁石粉の形状，粒径，粒子の表面状態など，結晶本体(内部)以外の因子にも依存する．しかし，保磁力の最大値(理論値)は異方性磁場と考えられるので，保磁力を異方性磁場で代替して議論する場合も多い．

　一軸磁気異方性という術語もよく用いられるが，これも先に述べたように，磁化容易軸が一方向だけの場合を指していて，ほかの方向には向かないことである．これが永久磁石になる，最も大切な性質である．これに対し，面内磁気異方性とは，ある面内ならばどの方向も磁化容易で，外部磁場の方向が変われば，磁化は容易にその方向に向いてしまうことである．つまり，"がんばれない磁性体"で，保磁力 H_c がでず，永久磁石にならない．

結晶場(crystal field)と配位子場(ligand field)
化合物の中心金属原子あるいはイオンに及ぼす隣接している別の原子またはイオンの静電的な力の影響．この影響で中心金属のエネルギー準位が分裂する．点電荷同士のクーロン相互作用の場合を結晶場，分子軌道を形成している場合を配位子場とよんでいる．

減磁曲線(demagnetization curve)
→ 磁気ヒステリシス曲線

硬磁性体(hard magnetic materials)と軟磁性体(soft magnetic materials)
強磁性体のうち，保磁力の大きいものが永久磁石で，硬磁性体ともよばれ，小さいものは軟磁性体とよばれる．(105ページ参照)

鉱物(minerals)
天然に存在する，ほぼ均一な組成と性質を有する無機質の固体物質．鉱石(ores)は有用な元素が濃縮された岩石．経済性のある鉱物が多く含まれている岩石．

近藤効果(Kondo effect)
電気抵抗極小現象ともよばれている．極微量の磁性不純物が存在している金属では，電気抵抗の温度変化曲線が極小値を示す現象．一般に金属の電気抵抗は温度が下がれば低下していくが，磁性不純物の磁気モーメントと伝導電子の磁気モーメントとが相互作用して，逆に増加すると考えられている．

最大エネルギー積(maximum energy product)
磁気ヒステリシス曲線の第2象限に内接する長方形の最大値．その磁石の性能を代表している値．SI単位は Jm^{-3} であるが，CGS単位の GOe(ガウス・エルステッド)も用いられている．
1 MGOe = 7.96 kJ m^{-3}, M = 10^6.

磁化(magnetization)
単位体積当たりの磁気モーメント．

磁気異方性(magnetic anisotropy)
磁気的性質が結晶軸の方向によって異なる現象．たとえば，磁気モーメントは，小さなエネルギーでそろう方向と，きわめて大きな磁場下でないとそろわない方向がある．前者を磁化容易軸，後者を磁化困難軸とよぶ．

磁気ヒステリシス曲線(magnetic hysteresis curve)
磁化がゼロの強磁性体に磁場をかけていくと，磁化および磁束密度の値は増加し，やがて一定(飽和)になる．逆向きの磁場をかけるとこれらの値は減少し，ついにゼロになるが，磁場増加と磁場減少の経路は同じではなく，異なる道筋をたどる．この経路のことを磁気ヒステリシス曲線，あるいは減磁曲線(demagnetization curve)とよぶ．

磁束密度(magnetic flux density)
電流には磁場から力が働いている．単位電流，単位長さ当たりに働いている力を磁束密度とよぶ．簡単には，永久磁石からでている"磁力線"の密度と考えてもよい．

磁場(magnetic field)
磁石や電流は，付近にいるほかの磁石や電流に力を及ぼす．このような力が働いている空間を磁場という．

縮退(縮重)(degenerate)
2個以上の独立した状態のエネルギーが，たまたま同じエネルギーをもっていること．方位量子数が l であれば，この電子のエネルギーは $(2l+1)$ 重に縮退しているという．

シュタルク効果(Stark effect)
縮退(縮重)している準位が，外部からの電場で解除される現象．ゼーマン効果の項も参照のこと．

焼結磁石(sintered magnets)
磁性粉末を高温，不活性雰囲気中で焼き固めた磁石．一般の永久金属磁石はこれである．磁化を付与する着磁は，成型焼結後，大きな磁場下で行う．一種のセラミックスと見てよい．

シリコンウエハ(silicon wafer)
棒状の超高純度シリコン単結晶を，厚さ

1 mm 程度に輪切りにした円形の薄片．集積回路の基板になる．

磁力選鉱(magnetic separation)
磁石に吸着される鉱石とそうでないものとを，強力な磁場を発生できる装置を用いて選別すること．

ストークスシフト(Stokes shift)
励起光(吸収光)ピークの波長と発光波長ピークの差．

スラリー(slurry)
純水や化合物を溶解した水溶液に微粒子を分散させた液．酸化セリウム(セリア)，酸化ジルコニウム(ジルコニア)，酸化ケイ素(シリカ)などをそれぞれ分散させて，ガラス，半導体シリコン表面の精密研磨に用いている．

精鉱(concentrate)
採掘したままの原鉱に対する術語．重力選鉱，浮遊選鉱，磁気選鉱などの選鉱工程を経て，採取対象金属とは無関係な共存物を除去して，採取対象元素の濃度を増加させた鉱石．

ゼノタイム(xenotime)
イットリウムの多い重希土が主成分のリン酸塩(RPO_4)．

ゼーマン効果(Zeeman effect)
縮退(縮重)している準位が，外部からの磁場で解除される現象．この場合,一本であったスペクトルが,磁場をかけると分裂する．

セリア(ceria)
酸化セリウム(CeO_2)のこと．ジルコニアは酸化ジルコニウム(ZrO_2)，イットリアは酸化イットリウム(Y_2O_3)，アルミナは酸化アルミニウム(Al_2O_3)．

第1種超伝導体，第2種超伝導体(typeⅠ,typeⅡ superconductors)
第1種超伝導体は T_c 以下の温度で臨界磁場以下の磁場をかけたとき，磁束がまったく内部に侵入せず，完全反磁性を示す．また，少しでも臨界磁場を超せば，ただちに常伝導になってしまう．これは鉛(Pb)，水銀(Hg)，スズ(Sn)などの単体元素に多い．第2種超伝導体は，臨界磁場 H_{c1} を少し超した状態では，一部は常伝導,ほかの部分は依然超伝導状態で，両者混合状態が実現している．さらに大きい磁場下 H_{c2} では完全に常伝導になる．ニオブ(Nb)，バナジウム(V)，多くの合金，化合物は第2種で，希土類酸化物高温超伝導体もこれに分類される．

長残光寿命蛍光体(afterglow phosphors)
非常口の表示などに用いる夜光蛍光体．

電気抵抗率(electrical resistivity)
$1\mu\Omega$ cm とは，$1\mu A\ m^{-2}$ の電流密度の電流が流れている導体に,電流の方向の 1 cm ごとに 1 V の電圧を生じるときの抵抗率．(1Ω cm $= 10^2$ V m $A^{-1} = 10^2$ m^3 kg s^{-3} A^{-2})

電気双極子(electric dipole)と**磁気双極子**(magnetic dipole)
電荷 $+q$ と $-q$ が距離 d 離れているとき，こ

の一対を電気双極子,仮想的な磁荷 $+Q$,$-Q$ が距離 d 離れているとき,磁気双極子という.qd,Qd をそれぞれ,電気双極子モーメント,磁気双極子モーメントとよぶ.

都市鉱山(urban mine)
金属を原料としている製品はリサイクル可能であるので,それ自体,資源である.これら製品群が大量に蓄積されている都市は鉱山と同じ,という考え方.南条道夫(元東北大学教授)が,1980年代に提唱した.

場(field)
物理量が分布している空間.電場,磁場,重力場など.

配位数(coordination number)
化合物や錯体の中心金属に直接結合している原子の数.

バストネサイト(bastnäsite)
軽希土のフッ化炭酸塩〔$R(CO_3)F$〕で,現在,希土類資源の主力鉱物.

発光効率(luminescence efficiency)
一般には,発光現象において,吸収した励起エネルギーに対する発光で放出したエネルギーの割合.励起および発光(これを失活とよぶ場合もある)にかかわった量子数で表現する場合もあるが,この場合は量子効率とよぶことが多い.

バランス産業(industry under an uneven balance between supply and demand)
鉱石に含まれている成分比と同じ割合で需要があれば,不要な成分などの在庫品を抱えなくてもよいので,無駄のない理想的な経営が可能である.すなわち,原料と製品の"物質バランス"が経営の必須条件である産業.第一次産業はおおむね"バランス産業"である.

パリティ選択律(parity selection rule)
→ ラポルテ選択律

光アイソレータ(optical isolator)
光を一方向に通すが,その逆方向には光を遮断して通さない装置.二つの検光子の間に光の偏光角を回転させるファラデイ回転子を置いて,光の偏光面の角度を「"行き"は通すが,"帰り"は通さない」ようにする.

浮遊選鉱(flotation method)
界面活性剤の水溶液に粉砕した鉱石を懸濁させ,これに空気を吹き込んで気泡を発生させる.この気泡の表面には金属含有成分が多く吸着されているので,親水性の岩石本体と容易に分離できる.

プラズマ(plasma)
原子核のまわりの電子が,原子から離れて陽イオンと電子に電離した状態の気体をプラズマとよんでいる.

フランク・コンドンの原理(Franck-Condon principle)とボルン・オッペンハイマー近似(Born-Oppenheimer approximation)
両者はいずれも物質の光励起現象を取り扱うときのモデルであるが,前者は,電子の運動に対して原子核は静止していると仮定,後者は,原子核は動いてはいるが遅く,電子は速く運動しているとみなすモデル.

分別結晶法(fractional crystallization separation)
化合物間のわずかの溶解度の差を利用して，結晶析出-再溶解を繰り返して，純粋化合物を得る方法．

ペロブスカイト型構造(perovskite-type structures)
複合酸化物に多い結晶構造でABO₃の組成．陽イオンAは，第1族，第2族または第3族元素，陽イオンBは遷移元素である場合が一般的(a)．これらのイオン半径の間には次の関係がある．

$$r_A + r_O = t\sqrt{2(r_B + r_O)}$$
（r：各イオンの半径）

tは許容因子(tolerance factors)とよばれ，0.80〜1.00の範囲をとる．(b)の網掛けの範囲はペロブスカイト型構造を生成する範囲で，希土類イオンAは，ほとんどの遷移元素イオンBとこの構造を生成する．希土類酸化物高温超伝導体，いくつかの希土類酸化物触媒，および電極などの材料はこの構造である．

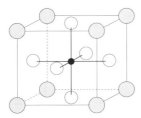
(a) ペロブスカイト型構造
○ 陽イオンA　○ O²⁻イオン
● 陽イオンB

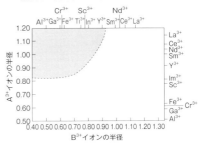
(b) イオン半径とペロブスカイト生成範囲の関係
（網掛けの範囲内で生成する）

保磁力(coercive force)
永久磁石のヒステリシス曲線で，磁石の発生している磁場と逆の方向に外部から磁場を加えていくと，やがて，磁化の大きさあるいは磁束密度がゼロになる．このときの外部からの磁場の大きさを保磁力という．

ボンド磁石(bonded magnets)
磁石粉末にエポキシ樹脂，ポリアミド，ポリフェニレンサルファイドなどを混合し，練り固めて成型後，着磁した磁石．どんな形にも成型可能．

マイスナー効果(Meissner effect)
超伝導体に磁場を加えたとき，磁場の強さが臨界磁場を超えない限り，磁力線が超伝導体の内部に侵入しない現象．超伝導体に軽い磁石を近づけると磁石は浮き上がったまま静止する．

ミッシュメタル(Mischmetall)
複数の"希土類元素"が含まれた"合金"．ドイツ語のMischmetall(英語ではmixed metals)から付けられた名称．Ceが50%，Laが30%，Ndが15%，Pr

が4%, Smとその他が1%. このほか, Fe, Al, Mg, Siなどが含まれている. 純金属より安価. 耐熱合金, ニッケル水素電池の負極, および金属精錬の還元剤などに用いる.

無輻射遷移（無放射遷移）(nonradiative transition)
吸収した励起エネルギーを放出して, 基底状態に戻るが, この過程で, 熱エネルギーとして放出される遷移のこと.

メガガウス・エールステッド(mega gauss oersted；MGOe)
産業界で慣用されているエネルギー積の単位（CGS単位表示）. 1 MGOeはSI単位表示の $7.96 \, kJ \, m^{-3}$ と等しい.

モース硬度(Mohs hardness)
物質のかたさ表示の一つ. 滑石を1とし, ダイヤモンドを10として表している. リン灰石は5, 正長石は6, セリアは6.1, ジルコニアは6.7, 石英は7のかたさである.

モナザイト(monazite)
モナズ石ともよばれる. 軽希土およびトリウム(Th)のリン酸塩〔(R,Th)PO₄〕. かつては希土類で最も重要な資源鉱物であったが, トリウムの放射能への警戒から, その座をバストネサイトに譲っている.

誘電体(dielectrics)
分極が起こる物質を誘電体. 絶縁体は多かれ少なかれ誘電体である. 電気陰性度の異なる原子からなり, 非対称な構造の分子は, 分子自身がはじめから分極している. これにもとづく双極子を永久双極子とよぶ. 永久双極子間の相互作用が強く, 外部電場がなくても分極が認められる現象を自発分極という. 自発分極物質のうち, 外部電場で分極の向きを変えることができるものを強誘電体(ferroelectrics)とよぶ.

溶媒抽出法(solvent extraction)
希土類錯体の有機溶媒と水への溶解度の差を利用した分離法. 有機溶媒相-水相の振り混ぜ, 静置, 有機溶媒相-水相の分離を連続的に繰り返せば, 純粋な希土類錯体を得ることができる. 現在はこの方法が希土類単離の主力.

溶融塩電解(fused salt electrolysis)
希土類化合物から希土類金属を製造する一般的方法. 希土類フッ化物をLiF-BaF₂溶融塩, あるいは希土類酸化物を数%, LiF-BaF₂-RF₃溶融塩に溶解し, 900〜1000℃, 9〜12 V, 不活性雰囲気中で電気分解する. 容器（るつぼ）は炭素, 陽極は黒鉛管, 陰極はタングステンを用いる. molten salt electrolysisともよばれる.

ラポルテ選択律(Laporte selection rule)
電磁波の放射・吸収でのはじめとおわりの状態の間に成立する選択規則. 波動関数が, 反転対称操作により, 符号を変える場合を奇項, 変えない場合を偶項とよぶが, 電気双極子遷移では, 奇項 ⇌ 偶項の間でのみスペクトルが観測されるという規則.

ランタニド(lanthanides)
希土類元素のうち4f電子が存在しているセリウム(Ce)からルテチウム(Lu)までの14元素. 国際的には, ランタノイドと同

義として多用されている.

ランタニド収縮(lanthanide contraction)
普通に考えれば,原子番号が大きくなれば,電子の数も増えるから,そのぶんだけ大きさも増加するはずであるが,ランタニド原子またはイオンでは,原子番号が大きくなるにつれて,原子またはイオンの半径が小さくなる現象.

ランタノイド(lanthanoides)
ランタニドにランタン(La)を加えた15元素.国際的にはそれほど一般的ではない.

臨界磁場(critical magnetic field)と**臨界電流密度**(critical currentdensity)
クーパー対は,ある程度の強さの磁場がかかると壊れてしまい,常伝導になる.この磁場の強さを臨界磁場とよぶ.また,超伝導体に大きな電流を流しても超伝導は壊れるが,これは電流にもとづく磁場の大きさが臨界磁場を超えることのほかに,いくつかの原因があり,複雑である.

リン光(phosphorescence)
発光現象に直接関係する過程で,関係する電子のスピン多重度 $2s+1$ に変化がある場合の発光.

レアアース(rare earths)
希土類と同義.ランタノイドにスカンジウム(Sc),イットリウム(Y)を加えた17元素.

レアメタル(rare metals)
金属のうち,銅,鉄,鉛,亜鉛,アルミニウム,ナトリウム,カルシウム以外の金属.超高純度シリコンも含まれることがある.レアメタルはわが国でのみ通用している業界用語.英語では,最近,"critical metals"が用いられている.

索　　引

【数字・英字】
2電子並行対　39
4f軌道　21, 23
　　──電子　14, 75
　　──電子の密度分布
　　　　　　　　108
　　──の形　39
5f軌道　14, 19
A型　54, 55, 56
BCS理論　155
BiI$_3$型構造　67
B型　55, 56
CAN　159
Ce-O系　57
CMP　101, 140
C型　55, 56
DTPA　69, 70
dブロック　34
　　──イオン　14, 31
EDF　132
EDTA　48, 54, 69, 70
EEZ　83
Eu-O系　58
f-d遷移　125
f→f遷移　17
f-f遷移　124, 125
f-s相互作用　75
f軌道の形　41
GDMS　92
H型　55, 56
ICP-AES　92, 94
ICP質量分析　94
ICP発光分光分析法
　　　　　　92, 94
ICP発光分析　94
JIS M8404　92
JOGMEC　98
LaF$_3$型構造　66
LED　121, 124
LS結合　22
LS項　21

MRI造影剤
　　　　69, 70, 102, 118
NaCl型　63
NTC　152
n型　60
PC-88A　90
PLZT　152
PTC　152
PuBr$_3$型構造　67
PZT　152
p型　60
RKKY相互作用　54, 75
SOFC　144
t$_{2g}$→e$_g$遷移　17
THF　69
UCl$_3$型構造　67
X型　55, 56
YAG　129
YCl$_3$型構造　67
YF$_3$型構造　68

【あ】
青色LED　125
赤色LED　125
アクチノイド　5, 14
圧電体　149, 152
アパタイト　81
網目構造　142
アミノポリカルボン酸錯体
　　　　　　　　48
アラシャ　80
アルカリ　36
　　──土類　36
　　──分解　85, 86
アルコキシド　49
アルニコ　106
アンチフェロ磁性　103
安定化　39
安定度定数　70, 120
イオン化エネルギー
　　　　　　36, 37
イオン吸着鉱　78, 81, 87

イオン結合　44
イオン交換樹脂　88
イオン交換法　88
イオン伝導体　142
イオン半径　14, 18
イソプロポキシド　49
一元素分離法　170
一軸異方性　112
一電子還元剤　47, 68
一酸化物　44, 57
イッテルバイト　8
イットリア　142
　　──安定化ジルコニア
　　　　　　　　143
イットリウム系統　9
イットリウム族　6, 9
一硫化物　45, 63
異方性定数　113
イムノアッセイ　132
インターコネクタ　146
インテリジェント触媒
　　　　　　　　148
インフルエンザ治療薬
　　　　　　　　158
ヴァン・ヴレック常磁性項
　　　　　　　　34
ウィンドウ　147
渦電流　152, 154
永久磁石　102
永久双極子　150
液晶テレビ　128
エチレンジアミン四酢酸
　　　　　　　　48
エネルギー準位　21
エネルギー遷移　126
塩化アルミニウム　166
塩化物　46
塩基　62
塩基性酸化物　61, 62
エントロピー　74
オキシ塩化物　46

索引

お一人様電子　28
温式化学分析　93
温度勾配　167

【か】

カー効果　152
回析格子分光器　94
解離圧　137
化学的機械的研磨　140
化学分析　92
価格変動　169, 171
角度分布　39
隔膜　144
カザフスタン　80
カシオペイウム　11
ガスマントル　98, 169
ガソリン製造　99
価電子帯　62, 65
ガドリナイト　6, 8
ガドリン　8
ガラス研磨　170
カルコゲン化合物　62, 64
カルシウム還元　50
環境問題　170
還元拡散法　110
乾式気相分離法　166
関数　39
完全充填　13, 19, 36
緩和時間　118
黄色　126
奇関数　26
希少金属代替材料開発プロジェクト　163
気相塩化アンモニウム錯体　167
気相錯体　166
基底状態　32, 34, 123, 129
軌道角運動量　22, 32, 107, 109
軌道角運動量量子数　21, 23
軌道の位置　17
軌道のエネルギー準位　16
希土類イオン　30, 37
希土類塩化物　166

希土類含有鉱石　79
希土類鉱山　80
希土類酸化物　50
希土類産業　83
希土類使用量　100
逆 Fe_2As 型　63
逆抽出　90
キャパシタ　102
吸収スペクトル　17
吸蔵　137
急冷法　117
キュリー点　103, 109, 151
キュリーの法則　33
強磁性体　75
強誘電体　151
許容因子　149
許容遷移　26
禁制遷移　26
禁制帯　62
金属イットリウム　49
金属カルシウム　50
金属サマリウム　47
金属精錬　50
金属ランタン　50
偶関数　26
空気極　144
空孔　60
空格子点　142
空席　16, 31
クーパー対　155
クーロン　61
　——エネルギー　38
　——相互作用　21
クリティカルメタル　2
グロー放電質量分析法　92, 95
群論　27
軽希土　6, 9, 32, 80
蛍光 X 線　10
　——分析法　92
蛍光体　170
蛍光灯　124, 165
蛍光ランプ用蛍光体　127
計算科学　169

結晶構造　72
結晶磁気異方性　109
結晶場　21, 31, 35, 107
　——分裂　21
結晶分化　81
原子化エンタルピー　38
元素戦略プロジェクト　163
元素存在度　2, 4
研磨剤　101, 138, 171
研磨速度　139
原油分解触媒　99
原油分解用不均一触媒　170
検量線法　93
項　24
高温酸化物型燃料電池　144
交換エネルギー　36, 38
合金・鉄鋼添加　101
高屈折率　101
抗原-抗体反応　132
格子エネルギー　59, 61, 68
格子振動　124
格子定数　64
高周波誘導加熱　94
高純度希土類酸化物　93
高純度品　96
合成角運動量　24
鉱石の分解　85
剛体球形　13
高分子重合　157
向流分配　89
固体電解質　142
ゴム風船形　14
コモンメタル　2, 163

【さ】

サーミスタ　149, 151
採掘量　82
最大エネルギー積　105, 107, 111
最低項　34
材料の発展史　99

索 引　187

酢酸塩　48
錯体　54
サマリウム磁石　109
サマルスカイト　9
酸　62
三塩化物　67, 68
酸化還元電位　36, 37
酸化ジスプロシウム　171
酸化セリウム　101
酸化物　44, 55
　——高温超電導体　157
　——の吸湿性　60
産業連関表　168
三原色　125
三元触媒　101, 147
三水和物　48
酸素センサ　146
三二酸化物　44, 46, 54
三二硫化物　45, 62
三フッ化物　65, 68
酸分解　85
残留磁束密度
　　　　　105, 107, 109
磁化　106, 113
紫外線カット　101
時間分解　132
磁気双極子　26
　——遷移　26
磁気的性質　75
磁気モーメント
　　　　28, 30, 75, 102, 153
磁気量子数　21, 23, 32
磁区　104
シクロペンタジエニル　49
　——環　71
資源問題　163, 170
資源量　5
ジジム　10
四重極子遷移　26
ジスプロシウム　165
磁性体　170
磁束線　106
磁束密度　29, 105
自動車排ガス浄化触媒

　　　　　　　　　　147
自動車排ガス処理触媒
　　　　　　　　　　101
磁場　105
自発分極　151
市販永久磁石　106
ジャッド-オッフェルト理
　論　27
重希土　6, 9, 33, 80
シュウ酸塩　87
充放電サイクル　138
縮重（縮退）　24
シュタルク効果　24
需要予測　169, 172
需要量　171
主量子数　21
尋烏　80
焼化　87
昇華熱　38
硝酸塩　47
硝酸セリウムニアンモニウ
　ム（Ⅳ）　47
常磁性　102
　——磁気率　34
蒸発熱　38
常誘電体　151
使用量　171
触媒　102
シリコンウエハ　140
磁力選鉱　85
ジルコニア　141
迅速分析　93
水酸化物　85
水素化物　135
水素吸蔵合金　93, 134
水素吸蔵量　137
水素放出特性　137
水和エネルギー　68
スクラブ　90
錫石　81
ステブノゴルクス　80
ストリップキャスト法
　　　　　　　　　　114
スピン　21

　——・軌道相互作用
　　　　　　　　21, 107
　——角運動量
　　　　　22, 34, 107
　——多重度　22, 24, 32
　——量子数　21
スペクトルの強度　26
スペクトルの半値幅　17
スラリー　101, 141
正極物質　144
精鉱　60
正孔　85
生産効率　91
生産量　171
生成ギブズエネルギー
　　　　　　　　54, 58
静電引力　61
静電反発　38
ゼーマン効果　24
赤外線レーザー　101
斥力　61
絶縁性　62, 64
セトラー　90
ゼノタイム　78, 82, 85, 87
セパレータ　144
セライト　6
セラミックコンデンサ
　　　　　　　　　　149
セリア　141, 171
セリウム系統　9
セリウム族　6, 9
遷移　21
全角運動量　34, 107
前期量子論　35
選鉱　85
選択律　26
戦略的鉱物資源　3
相互分離　88
層状構造　142
相図　57, 58
相転移　72, 142
増幅　129

【た】
第一励起準位　34

体心立方構造　72
代替材料開発　171
耐用年数　167
大陸地殻平均濃度　2.4
滞留量　168
多形　55
タミフル　158
炭酸塩　48
チソナイト　66
チタン鉱物　81
チタン酸バリウム　151
着磁　104
中希土　6
抽出剤　88, 166
中心場　21
超高純度品　91
超伝導材料　154
低酸化状態化合物　43
低酸化物　54
デシベル　130
テスラ　106
鉄鋼　170
テトラヒドロフラン　69
電解酸化　47
電荷補償　151
電気光学効果　152
電気光学素子　149, 152
電気自動車　101
電気双極子　26
電気双極子遷移　26
電気抵抗率　74
電子間相互作用　21
電子間反発エネルギー　38
電子スペクトル　26
電子伝導　60, 62
電子の存在確率　17
電子配置　15, 38
電子放射体　102
電子密度分布　109
電池電圧　138
伝導帯　62, 65
砥油　166
砥石くず　166
凍結　107

動的平衡状態　60
導電率　144
透光性　152
特性 X 線　10, 93
都市鉱山　167
　──埋蔵量　168
トリウム　82, 85, 87
トリニトラトビス（ビピリジル）ランタン　20
トリフレート　160
ドロマイト　81
トンネル構造　142
ドンパオ　80
【な】
内核電子　38
内部標準法　93
軟磁性　152
二価フッ化物　50
二酸化物　44
二次電池　137
ニッケル水素電池　101
ニハロゲン化物　68
二ヨウ化サマリウム　47
二ヨウ化物　67
二硫化物　45, 63
ネオジム磁石　111, 164, 165, 171
ネオジム-鉄-ホウ素　51
ネオデカン酸ネオジム　160
ネルンスト　146
粘土　80
燃料極　144
燃料電池　144
ノースストラドブロークアイランド　79
【は】
配位子場　17, 21, 31, 35, 107
配位数　20, 158
廃棄製品　166
配向分極　151
排他的経済水域　83
ハイブリッド車　101, 165

パウリの排他律　22, 32
白色 LED　127
白熱電球　124
バストネサイト　78, 82, 87
発光　121
パティキュレート　102
白雲鄂博　81
バランス産業　83, 170
パリティ　26
　──選択律　26
ハロゲン化物　46, 54
半径方向の関数　39
反転対称　152
反転分布状態　129
バンド　65
半導体　62
　──-金属相転移　64
　──-レーザダイオード　130
バンドギャップ　60, 62
反発力　61
半分充填　36
光シャッタ　152
光スイッチ　152
光増幅　130
光導波路　152
光ファイバ　130
光メモリ　152
非磁性　75
非晶質　142
ビス（ペンタメチルシクロペンタジエニル）　71
ヒドリドイオン　134
標識　132
標準酸化還元電位　69
標準電極電位　157
肥料　88
微量分析　92
ファンデルワールス力　61
風化作用　78
フェライト　102, 106, 152
フェリ磁性　103
フェロ磁性　103

索 引　189

フェロセン　71
不完全充填　13, 19
負極　137, 144
複合酸化物　54
複六方構造　72
ブタジエン重合　160
不対電子　28, 75
フッ化炭酸塩　79
フッ化物　46, 50
沸点　73
浮遊選鉱　85
プラズマテレビ　128
プラトー　137
フランク・コンドンの原理　122
フレーリッヒ相互作用　155
分極　149
分子量分布　161
フントの規則　31
分配係数　88
分別結晶法　8
分別沈殿法　8
分離係数　89, 91
平均構造　142, 143
ベースメタル　2
ペラ州ラハ　79
ペロブスカイト型構造　148, 154, 157
ペンタジェニル錯体　54
方位量子数　21
方解石　81
放射性元素　82
放射遷移　123
放出　137
ボーア磁気　29
母合金　51
補色　126
保持力　105
蛍石　56, 88
──型　54, 57, 142
ポッケルス効果　152
ポテンシャル曲線　123
ボルツマン定数　33

ボルツマン分布　129
ボンド磁石　106, 116
【ま】
マイスナー効果　154, 155
埋蔵量　5, 82
マウンテンパス　79
マウントウエルド　81
マグネトプランバイト　106, 153
マグマ　78
マトリックス効果　93
マンハッタン計画　98, 169, 170
ミキサー　90
ミッシュメタル　50, 101, 137
緑色 LED　125
水俣条約　129
南鳥島　83
無放射遷移　121
面心立方構造　72
メンデレーエフ　10
モース硬度　139
モーズレイ　10, 93
モナザイト　78, 85
モナズ石　78
【や】
融解熱　73
有機 EL　172
有機金属　54
有機金属化合物　49
有機合成触媒　157
有機酸塩　48
有機リン化合物　166
有機リン酸　90
有効磁子数　30, 33, 107
融点　60, 73
誘電体　150, 170
誘電分極　150
誘導結合プラズマ　94
ユーロ紙幣　129
溶解度　68
ヨウ化サマリウム(Ⅱ)　43

溶媒抽出操作　89
溶媒抽出法　85, 88
溶融塩電解　50
──槽　51
【ら】
ライチャウ　81
らせん磁性　75, 103
ラックス・ブレッドの定義　62
ラッセル・ソーンダーズ　22
ラテライト　81, 87
ランタニド　5
──収縮　14, 18, 64
ランタノイド　5, 16
ランデのg因子　30
リーンバーン　147
立体規則性　161
リッチバーン　147
リュードベリ定数　10, 93
硫化物　45, 54, 62
硫酸塩　85
硫酸分解　86, 87
粒子状物質　101
量子化学　169
菱面体構造　72
理論空燃比　147
リン酸塩　79
リン酸成分　87
リンの回収　85
ルイス酸　158
ルミネッセンス　121
レアアース　1
レアメタル　1, 164
励起　121
──状態　34, 123, 129
レーザ材料　129
六水和物　46, 47
六方最密構造　72
竜南　80

足立吟也（あだちぎんや）

1938年　兵庫県に生まれる
1967年　大阪大学大学院工学研究科博士課程修了
現　在　大阪大学名誉教授
　　　　日本分析化学専門学校名誉校長
専　門　無機化学，無機工業化学，無機材料化学
工学博士

2015年8月15日　第1版　第1刷　発行

検印廃止

JCOPY　〈（社）出版者著作権管理機構委託出版物〉
本書の無断複写は著作権法上での例外を除き禁じられています．複写される場合は，そのつど事前に，（社）出版者著作権管理機構（電話 03-3513-6969, FAX 03-3513-6979, e-mail: info@jcopy.or.jp）の許諾を得てください．

本書のコピー，スキャン，デジタル化などの無断複製は著作権法上での例外を除き禁じられています．本書を代行業者などの第三者に依頼してスキャンやデジタル化することは，たとえ個人や家庭内の利用でも著作権法違反です．

乱丁・落丁本は送料小社負担にてお取りかえします．

入門　レアアースの化学

著　者　足　立　吟　也
発行者　曽　根　良　介
発行所　（株）化学同人
　〒600-8074　京都市下京区仏光寺通柳馬場西入ル
　編集部　Tel 075-352-3711　Fax 075-352-0371
　営業部　Tel 075-352-3373　Fax 075-351-8301
　　　　振替　01010-7-5702
E-mail webmaster@kagakudojin.co.jp
URL http://www.kagakudojin.co.jp
印刷・製本　（株）太洋社

Printed in Japan　ⓒ　G. Adachi 2015　無断転載・複製を禁ず
ISBN978-4-7598-1616-7